食品加工及环境中
农药残留行为及毒理学研究

◎ 王凤忠 范 蓓 李敏敏 孔志强 编著

中国农业科学技术出版社

图书在版编目（CIP）数据

食品加工及环境中农药残留行为及毒理学研究／王凤忠等编著 . —北京：中国农业科学技术出版社，2019. 12

ISBN 978-7-5116-4558-6

Ⅰ . ①食…　Ⅱ . ①王…　Ⅲ . ①食品加工 - 食品污染 - 农药残留量分析　Ⅳ . ①TS207. 5

中国版本图书馆 CIP 数据核字（2019）第 272822 号

责任编辑	金　迪　崔改泵
责任校对	马广洋
出 版 者	中国农业科学技术出版社
	北京市中关村南大街 12 号　邮编：100081
电　　话	（010）82109194（编辑室）　（010）82109702（发行部）
	（010）82109709（读者服务部）
传　　真	（010）82106625
网　　址	http://www.castp.cn
经 销 者	各地新华书店
印 刷 者	北京建宏印刷有限公司
开　　本	710mm×1 000mm　1/16
印　　张	10.5
字　　数	188 千字
版　　次	2019 年 12 月第 1 版　2019 年 12 月第 1 次印刷
定　　价	56.00 元

《食品加工及环境中农药残留行为及毒理学研究》
编著委员会

主 编 著：王凤忠　范　蓓　李敏敏　孔志强

副主编著：郑鹭飞　金　诺　黄亚涛　卢　嘉

编著人员：李瑞琚　张　嘉　全　蕊　陈德勇

　　　　　高腾飞　肖欧丽　张泽洲

前　言

　　中国是农业大国，现代农业生产离不开农药，农药使用在保障农作物高产稳产的同时，其与食品安全和环境安全的矛盾也越来越突出。农业现代化程度越高，农药的使用量越大，发达国家农药使用普遍高于发展中国家，根据联合国粮农组织 2000 年的统计结果显示，发达国家单位面积农药使用量是发展中国家的 1.5~2.5 倍。在生产实际中，由于农药使用技术等限制，农药实际使用率只有 30%，大部分农药流失到环境中，植物上的农药残留主要保留在作物表面，具有内吸性的农药部分会吸收到植物体内。植物上的农药经过风吹雨打、自然降解和生物降解，在收获时农药残留量是很少的。但为了确保农产品的安全，要制定农药残留标准，将农产品中农药残留量控制在安全的范围。没有残留是理想主义，没有一个国家能做到，但减少农药残留，确保农产品安全是各国农业和农药管理的工作目标。因此，本书从农药残留分析方法学开发、农产品生产加工过程及环境中农药残留行为研究进展、农药残留膳食风险评估等方面，对农药残留研究进行进行了总体概述。

　　本书的出版由国家重点研发计划（2017YFC1600602）"粮油食品供应链危害物识别研究与指纹图片库构建"项目支持。

　　由于编著者水平有限，疏漏和不足之处敬请广大读者批评指正。

编著者

2019 年 9 月

缩写列表

缩写字母	英文	中文
2D	Two-dimensional	二维
ABPR	Automated Back Pressure Regulator	自动背压调节器
ADI	Acceptable Daily Intake	可接受的每日摄入量
AJC	Apple Juice Concentrate	苹果汁浓缩液
ANOVA	Analysis Of Variance	方差分析
B-1	2-(Trifluoromethyl) Benzoic Acid	2-(三氟甲基) 苯甲酸
B-3	2-(Trifluoromethyl) Benzamide	2-(三氟甲基) 苯甲酰胺
C_{18}	Octadecylsilane	十八烷基硅烷
CCD	Central Composite Design	中央复合设计
CE	Capillary Electrophoresis	毛细管电泳
CLC/NANO-LC	Capillary-/Nano-Liquid Chromatography	毛细管/纳米液相色谱
CO_2	Carbon Dioxide	二氧化碳
CQA	Called Thecritical Quality Attribute	被称为 Thecritical Quality Attribute
CSPS	Chiral Stationary Phases	手性固定相
CYF	Cyflumetofen	丁氟螨酯
DEA	Diethylamine	二乙胺
DMEM	Dulbecco's Modified Eagle Medium	Dulbecco 的改良 Eagle 培养基
DMSO	Dimethyl Sulfoxide	二甲基亚砜
DF	Derringer's Desirability Function	德林格的满意度函数
DTT	Dithiothreitol	二硫苏糖醇
DLLME	Dispersive Liquid-Liquid Microextraction	分散液-液微萃取
DNA	Deoxyribonucleic Acid	脱氧核糖核酸
ECD	Electron Capture Detector	电子捕获检测器

（续表）

缩写字母	英文	中文
EF	Enantiomeric Fraction	对映体分数
EFSA	European Food Safety Authority	欧洲食品安全局
FA	Formic Acid	甲酸
ER	Estrogen Receptor	雌激素受体
EUCP	EU-Coordinated Control Programme	欧盟协调控制计划
GAP	Good Agricultural Practice	良好农业规范
GCB	Relative Standard Deviations	相对标准偏差
GC-MS	Gas Chromatography Coupled To Mass Spectrometry	气相色谱-质谱联用
GPC	Gel Permeation Chromatography	凝胶渗透色谱
GSH	Glutathione	谷胱甘肽
GST	Glutathione-S Transferase	谷胱甘肽-S 转移酶
HAC	Acetic Acid	醋酸
HCl	Hydrochloric Acid	盐酸
HPLC	High-Performance Liquid Chromatography	高效液相色谱
IPs	Identification Points	识别点
HR	Highest Residue	最高残留量
Kow	Octanol-Water Partition Coefficient	辛醇-水分配系数
LC-MS/MS	Liquid Chromatography Coupled With Tandem Mass Spectrometry	液相色谱-串联质谱
LD_{50}	Median Lethal Dose	致死剂量中位数
LDH	Lactate Dehydrogenase	乳酸脱氢酶
LOD	Limit of Detection	检测限
LOQ	Limit of Quantitation	定量限制
MCF-7	Human Breast Adenocarcinoma Cell Line	人乳腺癌腺癌细胞系
$MgSO_4$	Magnesium Sulfate	硫酸镁
MTT	3-(4,5-Dimethylthiazol-2-yl)-2,5-diphenyltetrazolium bromide	3-(4,5-二甲基噻唑-2-基)-2,5-二苯基四唑溴化物
WTO	The World Trade Organization	世界贸易组织
MRLS	Maximum Residue Levels	最大残留量

缩写字母	英文	中文
MRM	Multiple Reaction Monitoring	多反应监测
MSPD	Matrix Solid-Phase Dispersion	基质固相分散
MW	Molecular Weight	分子量
NEDI	National Estimated Daily Intake	全国每日预算摄入量
NADH	Nicotinamide Adenine Dinucleotide	烟酰胺腺嘌呤二核苷酸
N_2	Nitrogen	氮
NH_3	Ammonia	氨
OECD	Organisation for Economic Co-operation and Development	经济合作与发展组织
OVAT	One-Variable-At-A-Time	单变量-AT-A-时间
PF	Processing Factor	加工因素
PSA	Primary Secondary Amine	伯仲胺
QSAR	Quantitative Structure-Activity Relationship	数量结构-活动关系
QuEChERS	Quick Easy Cheap Effective Rugged And Safe Multi-Residue	快速简便廉价有效坚固耐用且安全的多残留物
RAC	Raw Agricultural Commodities	农业原料
Rac	Racemic	外消旋
RQ	Risk Quotient	风险商
ROS	Reactive Oxygen Species	活性氧物种
RSD	Relative Standard Deviations	相对标准偏差
RSD	Relative Standard Deviations	相对标准偏差
RSM	Response Surface Methodology	响应面方法
SC	Suspension Concentration	悬浮液浓度
SD	Standard Deviation	标准偏差
SFC	Supercritical Fluid Chromatography	超临界流体色谱
SPE	Solid Phase Extraction	固相萃取
SPME	Solid-Phase Microextraction	固相微萃取
SSE	Signal Suppression Or Enhancement	信号抑制或增强
STMR	Supervised Trials Median Residue	监督试验中位数
STRM	Standardized Test Residue Median	标准化测试残留量中位数

（续表）

缩写字母	英文	中文
TFA	Trifluoracetic Acid	三氟乙酸
TLC	Thin Layer Chromatography	薄层色谱法
UHPLC-MS/MS	Ultra High Performance Liquid Chromatography Coupled With Tandem Mass Spectrometry	超高效液相色谱-串联质谱
UHT	Ultra-Heat Treatment	瞬时高温处理
UPC^2-MS/MS	Ultra-Performance Convergence Chromatography Coupled With Triple Quadrupole Mass Spectrometry	超高效液相色谱与三重四极杆质谱联用
UV	Ultraviolet	紫外线
WHC	Water-Holding Capacity	持水量

目　录

第 1 章　农药残留分析技术

　　中国人自公元前 1000 年就开始使用硫黄作为熏蒸剂在农业生产中进行应用。16 世纪，日本人将劣质鲸油和醋混合用于稻田害虫防治，通过干扰昆虫的角质层来防治有害昆虫幼虫发育。17 世纪，烟叶的水提取物被喷洒在植物上以杀死昆虫；19 世纪，从植物中分离出的杀虫剂包括从菊花的根部提取的鱼藤酮和从菊花中提取的除虫菊；使用三氧化二砷作为除草剂；亚砷酸铜（巴黎绿）用于控制科罗拉多甲虫；应用波尔多混合物（硫酸铜、石灰和水）来对抗葡萄霜霉病。20 世纪，硫酸（10%）被用于破坏双子叶杂草而不伤害单子叶谷物和其他具有蜡质外皮的栽培植物。自 20 世纪 50 年代以来，化学合成农药在世界范围内得到广泛应用，有效地减少了病、虫、草等有害生物给粮食和其他农产品带来的损失，缓解了人类因人口迅速增长产生的粮食供应不足的压力。但是，伴随着化学农药的应用，不可避免地产生了农药残留问题。存在于食物和环境中的农药残留，与其他的有害化学品一起，造成食品安全和生态安全问题，影响着人类的身体健康，已成为影响国际农产品贸易的主要因素，受到世界各国政府和消费者的普遍重视与关注。

　　由于农药的应用而残存于农产品、环境和生物体中的农药本体及其具有毒理学意义的杂质、代谢转化产物和反应物等所有衍生物统称为农药残留。农药残留分析是应用现代检测技术对残留于农产品、环境基质中的微量、痕量甚至超痕量水平的农药进行的分析。其主要目的和作用是：通过研究农药施用后在农产品及环境基质中的水平、降解和转化，制定农药最大残留限量及农药安全使用标准等，作为在国际国内贸易中农产品品质评价和判断的标准和依据；检测水、土壤和沉积物等环境基质和生物体中的农药残留种类和水平，以了解环境质量、评价生态系统的安全性，满足环境监测及保护管理。农产品安全、食品安全直接关系到人类的健康和环境安全、关系着社会的和谐稳定，而且食品安全已成为当今全球性的重大战略性问题。化学农药在防治农作物病、虫、草害，保证农产品的产量和质量上起着非常重要的作用。但农药本身是有毒物质，如果使用不当，不仅会造成农药对环境和农产品的污染，危害人类健康，而且作为一项技术性贸易壁垒措施，农药残留限量还直接关系到一个国家的农产品对外贸易。世界各国以及 CAC 等国际组织都已制定了大量的最大残留限量（MRL）标准作为农产品市场准入和质量安全监管的重要依据。欧盟已制定 MRL 标准 14.5 万多项，日本 5.6 万多项，美国 1.1 万多项，CAC 也有 3 158 多项，而我国目前包括国家和农业行业标准在内的 MRL 标准仅有 831 项，可见中国农药 MRL 标准严重缺乏。由于我国在农药残留风险评估和 MRL 标准方面与发达国家差距较大，又缺乏基础数据，通过 TBT/SPS 通报程序往往难以提供足以影响国外 MRL 标准制定的科学依据，经常造成我国农产品国际贸易的被动局面。

1.1 农药残留分析方法研究进展

农药残留分析主要包括两方面的工作：样品前处理和分析检测。样品前处理是指样品的制备和对样品中待测组分进行提取、净化、富集的过程。其目的是消除基质干扰，保护仪器，提高方法的准确度、精密度、选择性和灵敏度。样品前处理是残留分析过程中的核心部分，是衡量检测方法先进性和实用性的重要指标，随着色谱、质谱技术的发展与普及应用，仪器检测条件已经有了很大改善。有研究指出：检测分析的误差近 50% 来源于样品的准备和处理，而真正来源于分析的还不到 30%，而且大部分样品前处理所占用的工作量超过整个分析的 70%。因此，在现有的仪器水平上提高前处理技术水平才是提高检测水平的关键。现在我国很多科研院所和检测机构已经引进气质联用、液质联用等先进仪器，仪器设备水平和发达国家相比差异不大，但在样品的提取、净化等前处理上仍存在一定差距。

迄今为止，最常用的预处理方法是固相萃取（SPE）、凝胶渗透色谱（GPC）、固相微萃取（SPME）、基质固相分散（MSPD）、分散液–液微萃取（DLLME）。提取和清理程序通常是提高整个分析速度和灵敏度的最关键步骤。有效稳定且安全的多残留（QuEChERS）方法是一种新的农药多残留分析样品制备方法，于 2003 年由 Anastassiades 等首次报道。QuEChERS 被广泛使用的主要原因是它可以实现快速有效的提取。该方法用于提取水果和蔬菜中的农药。与最初的 QuEChERS 方法相比，许多研究人员会基于原始的 QuEChERS 方法进行改进优化，使之易于实施并具有更强的净化能力。在检测食品中的农药残留时，更好的提取方法首先要有很好的目标物分析能力。大多数食品是含水量<10% 的特殊产品，因此不能直接用 QuEChERS 方法进行分析。样品通常应添加一些水以使样品更容易被提取。由于食物基质的复

杂性，更多的干扰将通过添加水转移到提取物中。此外，为达到相分离和农药分配的目的，加入一定比例的无水硫酸镁和无水氯化钠。在多残留物的分析中，盐和酸的使用也可能对提取效率和一些农药的稳定性有很大影响。无机盐在提取过程中起重要作用。在 QuEChERS 方法中经常使用无水硫酸镁和氯化钠。前者吸收水分，后者作为相分离剂，它们通过饱和盐析效应促进有机相和水相的分层，从而减少总提取物质。然而，一些文献表明，无水硫酸盐产生的热量会提高萃取剂的温度，并可能导致一些热不稳定的农药分解。除此之外，无水硫酸镁与水反应形成附聚物，并可能导致农药的提取率降低。对农药残留的分析是一个挑战，因为它们总是以低浓度（ppb 级）存在于复杂食品基质中。

如今，用于测定农药残留的方法主要基于气相色谱、液相色谱（LC）和气相色谱 GC、质谱 GC-MS 或三重四级杆 MS/MS 进行测定或进一步确认。Liu 等使用一步提取和稀释，然后使用超快速液相色谱结合电喷雾电离串联质谱（UFLC-Q-Trap-MS/MS）系统测定农药残留。Natalia Besil 等使用三重四级杆线性离子阱串联质谱 LC-orbitrap-MS/MS 测定金盏花药物的 24 种农药残留。QTrap 属于高分辨率质谱，更重要的是，它的系统可以最大限度地降低假阳性和假阴性结果的风险。三重四极杆线性离子阱质谱预先选择四极杆的选择性和灵敏度，可以增强二级碎片离子作为线性离子阱的定性特征。到目前为止，已经使用了几种分析方法来分离和定量手性化合物。在串联质谱中，目标质量在第一个四极杆中选择并在碰撞池中分段。根据分析物的不同，从碰撞池产生独特的产物离子，只允许选定的产物离子通过第二个四极杆进行监测或检测。

最近的研究表明，化学计量学方法是现有多种农药测定方法中简单、快速、可靠的替代方法，如主成分分析（PCA）是探索性数据分析中常用的多变量统计方法。该方法提取主要正交贡献（主成分），其解释了数据矩阵的大部分方差。可以旋转抽象主成分以增加可解释性。在一些方法中，旋转的轮廓可以被定义地解释为可能的来源，如在绝对主成分分析中。有时，PCA 的可解释性通过所谓的 varimax 旋转得到增强，坐标的变化最大化了加载向量的方差之和。然而，这些方法有以下几个缺点：个别因素（组件）很少归因于单个特定来源，尚未找到完全令人满意的旋转技术，并且大多数因素无法正确处理低于检测的值或数据，在环境测量中经常遇到的限制。

开发定量结构-活动关系（QSAR）数据分析工具，允许间接毒性评估对于污染物风险评估的目的非常重要。QSAR 模型描述了一组化学品的结构特性与特定活动（毒理学或其他）之间的数学关系）。此外，随着液相色谱应用的大量增长，色谱分离方法的开发也取得了重大进展，利用高有机物含量的水–有机流动相和亲水的稳定相。计算机理论研究辅助建模工具，最重要的是预测性 QSAR 建模方法，这些方法极大地促进了方法开发过程。

响应面设计，如 Box-Behnken 设计，Doehlert 设计或中心复合设计（CCD）是最常用的方法。出于分离目的，通常选择与分离质量相关的关键响应（例如分辨率和保留因子），并将其称为临界质量属性（CQA）。进一步的优化阶段包括定义实验方案，执行所需实验，测量每个实验的响应，并因此分析设计结果的数据。对于响应曲面设计，响应数据用于生成二阶多项式模型，然后可以提供二维等值线图或三维响应曲面，以显示一个或多个变量对输出响应的影响，或在使用常规分析中的优化方法之前，除了用于评估小变化的影响的稳健性测试外，在常规分析中使用优化方法进行方法验证以评估方法的性能和准确性。

全世界常用的化学农药中大约30%的农药具有手性结构，即为手性农药（图1-1）。手性农药的对映体具有相同的物理化学性质，但彼此具有镜像，因为它们具有一个手性中心，一个中心产生一对对映体，并使它们以相反的方向旋转偏振光。手性农药引起了一些研究人员的关注。对映体由于其结构而表现出非常相似的物理化学性质。它们具有不对称中心，产生一些化合物。这是因为大多数酶是对映选择性的或立体选择性的，并且优选与手性分子的一种对映体反应。在使用外消旋农药并且仅一种对映体与靶标酶相互作用的情况下，无活性对映体是环境的负担，而没有实现任何目标效果。研究表明，在害虫防治方面，非活性对映体也可能对非目标生物构成风险。因此，使用外消旋农药可能会传播不具有所需杀虫剂活性的潜在破坏性化学品。尽管如此，大多数手性农药都作为种族配偶用于等量的所有对映体和立体异构体。目前，欧盟和美国的风险评估仍主要针对外消旋活性物质进行。例如，如果生物降解速率是对映体特异性的，那么从外消旋农药获得的降解数据可能无法反映自然界中活性对映体的实际发生率，因为降解速率和对映体的组成可能不同。

使用基于直链淀粉和基于纤维素的多糖手性固定相进行各种手性分离。迄今用于分析对映体的分析技术包括：气相色谱、超临界流体色谱（SFC）、薄层色谱（TLC）、高效液相色谱（HPLC）、毛细管电泳（CE）和毛细管/纳米液相色谱（CLC/nano-LC）等。通常，报道和讨论了利用色谱技术和大多数应用的手性固定相（CSP）的对映体分离原理。此外，还介绍了一些分

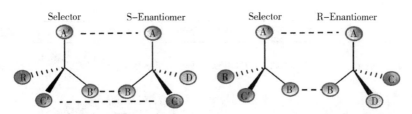

图 1-1　手性化合物的立体结构图（Fanali et al.，2019）

析技术在过去两年发表的食品基质中手性化合物分析中最重要的应用。超临界流体色谱（SFC）不是最近的分析技术，具有分析和制备的巨大潜力。使用 SFC 进行的手性分离与使用其他技术的分离进行了大量比较。SFC 具有色谱柱的快速平衡，高效率和使用无害溶剂等特征流动相含有二氧化碳，通常用一些有机溶剂如甲醇、乙醇、异丙醇和乙腈进行改性，浓度相对较低。除了增强手性拆分之外，还使用了其他添加剂，例如甲酸（FA）、乙酸（HAC）、三氟乙酸（TFA）、氨（NH_3）和二乙胺。从表 1-1 中可以看出。在过去的两年中，出现了两篇论文均涉及食品中感兴趣的样品中 SFC 的对映体分离。在开发的分析方法中，利用基于万古霉素和直链淀粉或纤维素衍生物的 CSP 获得手性拆分。

表 1-1　超临界流体色谱技术在食品分析中的应用

样本	基质	样品前处理	分析技术	分离柱及手性固定相	流动相	检测器
丙硫菌唑	番茄	QuEChERS	SFC	纤维素三（3,5-二甲基苯基氨基甲酸酯）-二氧化硅涂层，EnantioPak（中国）（150×4.6mm，5μm）	CO_2/2-丙醇（80∶20，v/v）；2.5mL/min	UV，254nm
腈苯唑及其代谢物	番茄，黄瓜，苹果，桃，水稻，小麦	QuEChERS	SFC	直链淀粉-（3,5-二甲基苯基氨基甲酸酯）涂层手性柱	CO_2/乙醇；1.8mL/min	MS/MS
灭菌唑	黄瓜，番茄	QuEChERS	SFC	三（3,5-二甲基苯基氨基甲酰基）纤维素包被的硅胶 EnantioPak OD 色谱柱（中国）（150mm×4.6mm，5μm）	CO_2/乙醇（80∶20，v/v）	—

（续表）

样本	基质	样品前处理	分析技术	分离柱及手性固定相	流动相	检测器
丙环唑	小麦	固相萃取	SFC&HPLC	三（3,5-二甲基苯基氨基甲酸酯）直链淀粉	CO$_2$/乙醇（93：7，v/v）	MS/MS
克伦特罗	肉	液液萃取	SFC& HPLC	万古霉素，阿司他奇生物素 v2（150mm×4.6mm 或 2.1mm，粒径 5μm）；替考拉宁杀菌剂 T（150mm×4.6mm 或 2.1mm，粒径 5μm）；	二氧化碳/氨水或甲酸 SFC 和 MeOH（用水或乙腈或 2-丙醇）	MS/MS

为了全面探讨我国在农药残留前处理技术方面的进展，将从以下几个方面逐步开展论述。

1.1.1 我国传统样品前处理技术

待测组分的提取是农药残留分析中的第一个环节，通常根据农药性质和样品基质的不同，采用相应的提取方法，主要有：浸渍-振荡法、组织捣碎法、索式提取法、消解法、超声波提取法。样品的净化又称纯化是农药残留预处理过程中一项复杂而又重要的步骤。目前在我国的标准中普遍采用的方法有液-液分配法、柱层析法、凝胶渗透层析和磺化法等。

由于大多数农药残留量水平很低，需要在提取后、检测前进行浓缩。传统的浓缩方式主要有：旋转蒸发仪，原理是减压浓缩，部分有机溶剂浓缩速度快、操作简便、农药不宜损失，适用于较大倍数的浓缩，缺点是不能高度浓缩。K-D 浓缩仪：不必进行转移，能使农药损失降低到最小程度，缺点是浓缩速度慢。氮吹仪：利用氮气带出溶剂从而达到浓缩的目的，浓缩量少，对蒸气压较高的农药易造成损失。

1.2 农药残留样品前处理新技术

1.2.1 液液萃取

又称溶剂萃取或抽提。液-液萃取常用于样品中被测物质与基质的分离，在两种不相溶液体或相之间通过分配对样品进行分离而达到被测物质纯化和消除干扰物质的目的。在大部分情况下，一种液相是水溶剂，另一种液相是有机溶剂。可通过选择两种不相溶的液体控制萃取过程的选择性和分离效率。在水和有机相中，亲水化合物的亲水性越强，憎水性化合物将进入有机相中的程度就越大。通常，分析化学家首先在有机溶剂中分离出感兴趣的被测物质，然后，由于常用的溶剂具有较高的蒸气压，可以通过蒸发的方法将溶剂除去，以便浓缩这些被测物质。

液-液萃取技术利用样品中不同组分分配在两种不混溶的溶剂中溶解度或分配比的不同来达到分离、提取或纯化的目的。Nemat 分配定律指出：物质将分配在两种不混溶的液相中。如果以有机溶剂和水两相为例，将含有有机物质的水溶液用有机溶剂萃取时，有机化合物就在这两相间进行分配。在一定的温度下有机物在两种液相中的浓度比是常数：

$$KD = C_O/C_{ab}$$

式中，KD 是分配系数，C_O 是有机相中物质的浓度，C_{ab} 是水相中此物质的浓度。有机物质在有机溶剂中的溶解度一般比在水相中的溶解度大，所以可以将它们从水溶液中萃取出来。分配系数越大，水相中的有机物可被有机溶剂萃取的效率就越高。但是，在许多的样品体系中这些物质的分配系数差别较大，使用一次萃取是不可能将全部物质从水相中移入有机相中。

色谱分析中使用较多的是从水相中用与水不相容的有机溶剂萃取有机物。通常使用的萃取器皿是分液漏斗。操作时应当选择容积较液体样品体积大1倍以上的分液漏斗，将分液漏斗的活塞擦干，薄薄地涂上一层润滑脂，塞好后再将活塞旋转数圈，使润滑脂均匀分布，然后放在萃取架上。关好活塞，将含有有机物的水样品溶液和萃取溶剂依次自上口倒入分液漏斗中，塞好塞子。一般情况下，溶剂体积约为样品溶液的 30%～35%。为了增加两相之间的接触和提高萃取效率，应取下分液漏斗进行振荡。开始时摇晃要慢，每摇晃几次之后就要将漏斗下口向上倾斜（朝向无人处），打开活塞，使过量的蒸气逸出（也叫放气）。然后将活塞关闭再进行振荡。如此重复直至放气时只有很小的压力，再剧烈地摇晃 3～5min 后，将分液漏斗放回漏斗架上静置。待漏斗中两层液相完全分开后，打开上面的瓶塞，再将活塞慢慢地旋开，将下层液体自活塞放出。分液时一定要尽可能分离干净，有时在两相间可能出现的一些絮状物也应及时放出。然后将上层液体从分液漏斗的上口倒出，切不可也从活塞放出，以免被残留在漏斗颈上的第一种液体所玷污。将水倒回分液漏斗中，再用新鲜的溶剂萃取。萃取次数取决于在两相中的分配系数，一般为 3～5 次。将所有的萃取液合并，加入合适的干燥剂干燥后即可用于色谱测定。如果浓缩倍数不够，可将萃取液进行蒸发浓缩。

逆流萃取（Countercurrent Distribution）装置可以提供 1 000 或者更多的塔板数用于更有效的液-液萃取，但是它需要很长时间和工作量。逆流萃取可以回收分配系数 KD 值相当小的组分。

从原理上讲，可以在一系列的分液漏斗中进行逆流萃取，每一个漏斗含有一个指定的较低的相。样品被引进到分液漏斗中上层液相并且在含有被测物质的上层液相平衡以后转换到第二漏斗中。然后，引入新的上层溶剂相到第一漏斗中。重复这个平衡过程许多次。随着自动逆流萃取装置出现，此过程会进行数百次传递。逆流萃取过程非常类似于低分辨柱色谱，通过几个萃取管分布着样品的组分。对于分离难度大的样品，逆流萃取过程是最有用的大范围分离制备技术。

逆流色谱与逆流萃取紧密相关，逆流色谱是液-液分布技术，其中离心力和重力保持着固定相。

据调查，一种较新的逆流技术叫作离心萃取色谱，从水样品中萃取待测物质。在离心萃取色谱中，一系列的盘分立和相互无关的分配通道中的离心力保持着液体固定相。流动相以微小的液珠形式连续地通过固定相。样品组分在流动相和固定相之间进行分配，并且依据它们的分配系数被分离。一个已知体积的样品已经通过离心萃取色谱柱以后，流动方向变成反向并且新鲜的萃取溶剂被引进柱中将液体固定相中的被测物质淋洗出来。此技术已经被用于提纯许多种化合物，包括废水中的生物碱、脂肪酸、抗生素和表面活性剂，废弃试剂和废水中的酚、有机氯杀虫剂。已有的研究中，与传统的液-液萃取相比，此项技术具有重要改进，诸如测定的溶剂用量少、浓缩倍数高、回收率好。但是，有机氯杀虫剂的回收率差异较大。

微萃取是另一种形式的液-液萃取技术，采用 0.001~0.01 范围的相比率值（V）进行萃取过程。与传统的液-液萃取相比，它采用小体积有机溶剂。微萃取提供的回收率较差，但是在有机相中的待测物质的浓缩大大地增高。此外，使用的溶剂量也大大地减少。在容量瓶中进行萃取，可以选择比水密度低的有机溶剂，结果有机溶剂积累在瓶颈部分并且便于抽取它们。在有机相中的被测物质的浓缩可以通过盐析作用得到加强，可以采用样品加入内标和萃取校正标准的方法进行测定。

1.2.2 固相萃取

固相萃取（Solide Phage Extraction，SPE）是从 20 世纪 80 年代中期开始

发展起来的一项样品前处理技术。由液固萃取和液相色谱技术相结合发展而来。主要用于样品的分离、净化和富集。主要目的在于降低样品基质干扰，提高检测灵敏度。

SPE 技术基于液-固相色谱理论，采用选择性吸附、选择性洗脱的方式对样品进行富集、分离、净化，是一种包括液相和固相的物理萃取过程；也可以将其近似地看作一种简单的色谱过程。

SPE 是利用选择性吸附与选择性洗脱的液相色谱法分离原理。较常用的方法是使液体样品溶液通过吸附剂，保留其中被测物质，再选用适当强度溶剂冲去杂质，然后用少量溶剂迅速洗脱被测物质，从而达到快速分离净化与浓缩的目的。也可选择性吸附干扰杂质，从而让被测物质流出，或同时吸附杂质和被测物质，再使用合适的溶剂选择性洗脱被测物质。固相萃取包括固相（具有一定官能团的固体吸附剂）和液相（样品及溶剂）。在正压、负压或重力的作用下利用固相吸附剂将液体样品中的目标化合物吸附，与样品的基体和干扰化合物分离，再用淋洗液洗脱达到分离和富集目标化合物的目的。固相萃取法的萃取剂是固体，其工作原理基于水样中待测组分与共存干扰组分在固相萃取剂上作用力强弱不同，使它们彼此分离。固相萃取剂是含 C18 或 C8、腈基、氨基等基团的特殊填料。针对填料保留机理的不同（填料保留目标化合物或保留杂质），操作稍有不同。固相萃取操作一般有四步：填料保留目标化合物活化——除去小柱内的杂质并创造一定的溶剂环境；上样——将样品用一定的溶剂溶解，转移入柱并使组分保留在柱上；淋洗——最大程度除去干扰物；洗脱——用小体积的溶剂将被测物质洗脱下来并收集。填料保留杂质固相萃取操作一般有三个步骤：活化——除去柱子内的杂质并创造一定的溶剂环境；上样——将样品转移入柱，此时大部分目标化合物会随样品基液流出，杂质被保留在柱上，故此步骤要开始收集；洗脱——用小体积的溶剂将组分淋洗下来并收集，合并收集液。此种情况多用于食品或农残分析中去除色素。相对于传统的液液萃取法和蛋白沉淀法，固相萃取具有无可比拟的优势，LLE（液液萃取）优点是无须特殊装置，而缺点是操作烦琐，费时；需要耗费大量的有机溶剂，导致高成本和对环境的污染；难以从水中提取高水溶性物质。

1.2.3　基质固相分散

基质固相分散（Matrix Solid Phage Dispersion，MSPD）是将样品与固相吸附剂一起研磨之后，将此化合物装入 SPE 柱或者注射针筒内，用适当的溶剂将目标化合物洗脱下来，其原理是将涂渍由 C18 等多种聚合物的单体固相萃取材料与样品一起研磨，得到半干状态的混合物并将其作为填料装柱，然后用不同的溶剂淋洗柱子，将各种待测物洗脱下来。其优点是浓缩了传统的样品前处理中的样品匀化、组织细胞裂解、提取、净化等过程，不需要进行组织匀浆、沉淀、离心、pH 值调节和样品转移等操作步骤，避免了样品的损失。MSPD 适用于多药物的残留分析，Kandenzki 等以活性弗罗里硅土为填料，利用 MSPD 技术，测定了 26 种蔬菜、水果中 9 类 120 多种农药残留，回收率大于 80%，且与样品的种类无关。它是一种简单、高效、实际的提取净化方法，适用于各种分子结构和极性农药残留的提取净化，提高了分析速度、减少了试剂用量，适用于自动化分析。

1.2.4　固相微萃取

固相微萃取（Solid Phase Microextraction，SPME）有两种方式：①直接浸没模式：该法将纤维直接插入样品中，当待测物与固定相之间充分分配至平衡时，即可取出进样分析。②顶空模式，此法并不使纤维与样品直接接触，而是将纤维停留在顶空，于气相中使待测物富集于固定相后供分析。SPME 是一种无溶剂方法，适用于挥发性和半挥发性分析物，以及极性和非极性化合物。在 Thamani T. Gondo 的研究中，他们使用 SPME 分析 5 种选定药用植物中不同极性的有机氯农药（OCP）。在 SPME 分析中，LOD 范围为 $0.48 \sim 1.50$ng/g，而 LOQ 范围为 $1.61 \sim 4.80$ng/g。

1.2.5　分散固相萃取

分散固相萃取（d-SPE）是 QuEChERS 方法的常见清理程序。作为一种快速净化方法，d-SPE 具有不同吸附特性的各种吸附剂，可单独或同时去除基质中的残留水分和脂肪酸、色素、甾醇等杂质。据报道 PSA 作为弱阴离子交换剂对有机酸、脂肪酸、糖和色素具有显著的保留活性，但它对酸性物质具有一定的吸附作用，但我们可以添加乙腈中一定体积的乙酸。C18（十八烷基改性二氧化硅）是反相 SPE 过程中非常常见的吸附剂，用于富集水或其他液体基质中的农药，保留亲脂性物质（如甾醇、脂肪）通常也很有帮助。挥发油对非极性和低极性化合物具有高保留性，可分析这些农药的最低选择性。作为常用的碳材料之一，GCB 对叶绿素等色素杂质具有良好的吸附作用，但 GCB 提供了六元环平面，使用过多的 GCB 可能导致保留一些靶向平面化合物。MWCNT 是一种新型纳米材料，具有较大的表面积和较强的吸附能力，可成功地用于去除水果、蔬菜和其他复杂基质如茶叶中的色素干扰。除此之外，据报道，作为一种有效的固相萃取吸附剂，MWCNT 可以起到富集水样农药的作用。在水果和蔬菜中，清理所需的 MWCNT 数量很少。这些吸附剂的选择和用量不固定，需要根据底物和提取物进行优化。苯酞是川芎的主要成分，研究者使用正己烷作为溶剂来提取川芎根茎中的农药，提取了大量的苯酞类和许多其他成分，因此在实验中最后选用 florisil 和 C18 作为吸附剂，florisil 是一种高选择性吸附剂，可有效去除苯酞，有助于提高净化效率。另有研究者用 QuEChERS 方法测定三种药材中的 23 种农药，需要用 Mg-SO$_4$、PSA 和 GCB 吸附剂进行乙腈提取和 d-SPE 净化，最后用 GC-MS 进行分析。前人报道了一种用于分析中药中 74 种农药的 QuEChERS 方法。用己烷萃取农药，用 MgSO$_4$、C18 或 Florisil 净化，然后用 GC-MS/MS 测定。除了这些常用的净化剂外，二氧化锆基吸附剂（Z-Sep 和 Z-Sep+），ChloroFiltr 和 ENVI-Carb 都是缺乏报道的吸附剂。Z-Sep 吸附剂的保留机制涉及路易斯酸/碱相互作用，它可以减少脂类和一些颜料的数量，并提供平面农药回收和颜色去除之间的最佳平衡。ChloroFiltr 是一种聚合物基吸附剂，设计用于去除叶绿素而不会影响平面分析物的回收。ENVI-Carb 用于去除痕量化合物，如颜料、多酚和其他极性化合物。ENVICarb 是一种强吸附剂，其碳表面由六边形环结构组成，相互连接并分层成石墨片，这种正六圆环结构对某些分子有很强的选择性，对极性和非极性有机化合物有较高的吸附能力，比如平面型芳香化合物或类正六圆环分子和可形成许多表面触点的烃链分子。与烷基键合硅胶相比，尤其是在键合硅胶不灵时，ENVI-Carb 显示出特有的结构和选择性优势。Ewa Rutkowska 等开发了基于气相色谱-串联质谱法的 QuEChERS 方法，用于测定这类复杂基质中的 235 种农药。用 ChloroFiltr、ENVI-Carb、GCB、十八烷基、PSA 和 Z-Sep 作为净化吸附剂和不经纯化的步骤的纯化步骤进行比较，最后选择 PSA/ENVI-Carb/MgSO$_4$ 作为净化吸附剂。PSA/ENVI-Carb/MgSO$_4$ 的应用对回收率没有负面影响，并且在去除颜料和其他共提取的化合物方面是有效的。

对于一些易发生热解的农药，在纯化过程中不能使用无水硫酸镁。Moreno-González 检测出洋甘菊中的 33 种氨基甲酸酯。MgSO$_4$ 的作用是从有机相中除去水，但在这种情况下，由于 MgSO$_4$ 的放热吸附反应产生的热量，它的加入可能是不利的，造成 PIR、FNX、PY、BFU 和 FURA 五种农药发生降解。因此，在前处理过程中要避免使用这种盐。

分散固相微萃取是在固相萃取的基础上发展起来的快速样品前处理技

术。将吸附剂颗粒分散在样品的萃取液中。此方法具有快速（Quick）、简单（Easy）、便宜（Cheap）、有效（Effective）、可靠（Rugged）、安全（Safe）的特点而被称为 QuEChERS。2007 年 QuEChERS 方法就成为欧盟标准化委员会（CEN）各个成员国的欧盟标准（EN 15662），被美国官方分析化学师协会标准（AOAC 2007.01）认可，在美国和其他国家使用。其方法是在样品的提取液中直接加入吸水剂和净化吸附剂，经离心、吸取上清液过滤膜后可直接检测分析。

对于净化剂的选择，由于茶叶和动物源基质可能包含更复杂的基质成分，包括颜料、生物碱类、多酚物质及亲脂性的化合物。同时这些基质又都具有代表性，代表了高糖、高水溶性和强酸性。净化后的样品颜色很深，有大量的色素存在，尤其是茶叶样品，不仅会对测定的结果产生影响，大多数试验表明，基质干扰会降低样品的添加回收率，同时还会降低仪器的灵敏度，对色谱尤其是带有质谱的分析仪器的进样口、色谱柱、离子源、质谱检测器造成污染。

1.2.6　凝胶渗透色谱

凝胶渗透色谱（Gel Permeation Chromatography, GPC）又称为体积排阻色谱，它是按溶质分子的大小进行分离的一种色谱技术。装置较复杂，现在已经有商品化的自动凝胶渗透色谱仪用于生物化学、高分子化学以及农药残留检测等领域。GPC 用于农药残留分析时，原理是由于多孔凝胶柱对不同分子的不同排阻效应从而达到分离的目的，先淋洗出大分子油脂、色素等，相对分子质量较小的如农药等后淋洗出，对后一部分进行收集，待检测分析。凝胶渗透色谱（GPC）能够分离较高分子量的化学基质的低分子量目标农药，如颜料。万娥庄采用 GPC 净化金银花中 23 种有机氯，有机磷和拟除虫菊酯类农药的提取，并结合 GC-MS 进行检测。该方法具有良好的准确性和精度，以及低 LOD。该方法在确定一个典型的传统中国医药农药的通用类上表现出极大的发展前景。尽管 GPC 可以自动化并且相对有效地消除干扰，但它需要很长的分析时间、大量的有机溶剂和昂贵的设备。

1.2.7　分子印迹固相萃取（MIPs）

分子印迹固相萃取（Molecularly Imprinted Solid Phase Extraction, MIPs）。近年来，Wuff（共价方法）和 Mosbach（非共价方法）引入的分子印迹技术引起了科学界的广泛关注。MIP 的识别机制归因于三维空腔，其在形状、大小和化学功能方面与模板分子或结构类似物互补。分子印迹聚合物（MIPs）的特性，如良好的机械和化学稳定性、低成本、良好的选择性，高吸附能力和良好的可重复使用性，使分子印迹技术更易于分析。合成MIP的基本机理是通过自组装在模板周围聚合功能性单体。虽然开发了许多合成方法，但通过简单的操作可以获得具有大比表面积的均匀球形纳米颗粒的沉淀聚合仍然是最常用的合成MIP的方法。

在前期研究者的工作中，开发了一种新型的，具有成本效益的SPE方法，以MIPs作为吸收剂和带尼龙膜过滤器的注射器作为吸收容器，开发并应用于白芍中三嗪类除草剂的提取。

1.2.8　其他样品前处理技术

免疫亲和色谱（Immunoaffinity Chromatography，IAC）是以抗原抗体的特异性、可逆性免疫结合反应为原理的色谱技术（Donatella Canistro，2010）。超临界流体萃取（Supercritical Fluid Extraction，SFE）是利用超临界流体在临界点附近体系温度和压力的微小变化，使物质溶解度发生几个数量级的突变性质来实现其对某些组分的提取和分离。微波辅助萃取（Microwave-assisted Extraction，MAE）。该技术是利用极性分子可迅速吸收微波能量来加热如乙醇、甲醇、丙酮和水等具有极性的溶剂，加速农药提取，减少萃取溶剂的用量。加速溶剂萃取（Accelerated Solvent Extraction，ASE）是一种全新的处理固体和半固体样品的方法，该法是在较高温度（50~200℃）和压力条件（10.3~20.6MPa）下，用有机溶剂萃取。食品基质中农药含量现代提取技术的分析比较见表1-2。

1.3　农药残留检测技术现状

农药种类繁多，是具有不同结构、性质、功能和来源的化合物，这些化合物可能对生态系统和人类产生危害。因此，建立分析方法是农药安全评估的第一步。分析方法面临的挑战通常集中在以下两个方面：一是同时检测复杂基质中的多种农药，不同农药的不同化学性质，快速、有效、简便、低污染、高灵敏检测；二是随着手性农药的发展，农业手性农药的使用越来越多，手性农药的不同对映体分析方法成为检测方法的新挑战。在农药安全评估方面目前的研究热点主要是：①农药的快速定性定量分析，且同时满足高效、快速、准确、稳定、可重现等要求；②色谱高效分离的效果；③通过农

表 1-2 食品基质中农药含量现代提取技术的分析比较

前处理方法	原理	分析方法	萃取相	分析对象	优点	缺点
索氏提取法（Soxhlet extraction）	针对脂溶性农药，对其脂肪进行提取	提取：无水乙醚，再进行净化、浓缩	无水乙醚或石油醚等溶剂	适用谷物、干果、饲料等样品	回收率高，操作简便	时间长，溶剂消耗大，对农药的稳定性、含水量有要求
液-液萃取法	向液体混合物中加入某种适当溶剂，利用组分由原溶液转移到新溶剂的过程	向溶液中加入某非极性或水溶性的溶剂，用振荡等方法来辅助提取试样中的溶质	常用非极性的溶剂有正己烷、苯、乙酸乙酯；常用的水溶性溶剂有甲醇、二氯甲烷、水以及丙酮	适合液态样品	不需要昂贵的设备和特殊仪器，操作简便	常用到大体积的溶剂，而在振荡分配过程中则需控制溶剂体积，费时费力，容易引起误差
超声波提取（超声波辅助萃取法，Ultrasonic extraction）	超声波是一种高频率的声波，利用空化作用产生的能量，将溶剂中残留农药萃取出来	将样品放在超声波清洗机，利用超声波来促进提取	甲醇、乙醇、丙酮、二氯甲烷、苯等	适合液态样品，或经过其他方法溶剂提取后的液态基	简便，提取温度低，提取率高，提取时间短，在中药材农药残留分析中应用推广	超声波提取器功率较大，对容器壁的厚薄及容器放置位置要求较高，目前仅在实验室内使用，难以应用到大规模生产上
固相萃取法（Solid-Phase Extraction）	利用不同吸附剂，对待测物质吸附能力不同	在层析柱中加入一支或几种吸附剂，再加入待测样本提取液，用洗脱液洗脱	氟罗里硅土、氧化铝、硅藻土等	对保留差别大的物质进行分离	操作简单，适用面广	有机溶剂的使用量较大

（续表）

前处理方法	原理	分析方法	分析对象	萃取相	优点	缺点
固相微萃取（Solid-phase Micro-extraction）	1. 手柄、萃取头构成，选择的基本原则是"相似相溶原理"。2. 用极性涂层萃取极性化合物，用非极性涂层萃取非极性化合物				1. 简单、方便、无污染，采集便可浓缩，提取过程没有溶剂。2. 适当情况下对样品用内标法定量，样品结果会有良好的重现性与精确度	分析范围相较窄，重复性较差，方法的优化难度大，回收率较低
超临界流体萃取（SFE, Super fluid extraction）	利用超临界流体高密度、黏度小、渗透能力强等特点，能快速、高效将被测物从样品基体中分离	先通过升压、升温使其达到超临界状态，在该状态下萃取样品，再通过减压、降温或通过吸附收集后分析	对热不稳定、难挥发性的烃类、非极性脂溶性化合物	二氧化碳、水、乙烯、丙酮、乙烷等	可进行族选择性萃取，萃取物不会改变其原来的性质，萃取过程简单易于调节	萃取装置较昂贵，不适合分析水样和极性较强的物质
微波辅助萃取法（MAE, Microwave-assisted extraction）	1. 此方法利用一种非离子状态进行辐射，待测物质在微波辐射的条件下待测物中的分子状态发生位移及偶极快速变化，分子从有序快速转变成无序，此种状态反复，从而达到样品的加热。2. 由于辐射有很强的穿透能力，让样品均匀受热，溶剂与样品充分融合，相互接触反应充分，使整个提取过程的速度加快		土壤、食品、饲料等固体物中的有机物、植物及肉类食品中的农残提取		简便、快速	该法在缩短萃取时间和提高萃取效率的同时，也使萃取液中干扰物质的浓度增大，加重了净化步骤的负担

（续表）

前处理方法	原理	分析方法	分析对象	萃取相	优点	缺点
加速溶剂萃取法（ASE, Accelerated solvent extraction）	该法是在较高温度（20~200°C）和压力条件（10.3~20.6MPa）下，用有机溶剂萃取		1. 固体和半固体样品 2. 在食品分析中有广泛的应用 3. 提取复杂的生物基质中有机氯农药 4. 处理基质中有毒样品		1. 有机溶剂用量少（1g 样品仅需 1.5mL 溶剂） 2. 样品处理时间短（12~20min） 3. 回收率好 4. 处理中毒样品，如氟乙酰胺、毒鼠强，更显示出其萃取快速的优越性，能为及时抢救赢得时间	设备费用昂贵，提取溶剂选择性差，耗时长
基质固相分散萃取法（MSPD, Matrix solid phase dispersion）	此技术使分析者能同时制备、萃取和净化样品	不同的物质不同溶解度洗脱	1. 特别适合于食品中的农药、污染物及农残分析 2. 几乎囊括了所有的固体样品		分析费用低 所需设备简单 同时进行多步分析 提取溶剂用量少	分析范围较窄，不适宜过于干燥的样品及油脂含量高的样品，净化步骤需要加强，有时回收率偏低
凝胶渗透色谱（GPC, Gel permeation chromatography）			应用于农残分析中脂类提取物与农药分离的快速净化技术，是含脂肪类样品农残分析的主要手段		1. 省时、方便，环境污染少，可有效去除色素和脂肪等大分子 2. 可提高对食品样品中蛋白以及油脂等大分子杂质的去除效率	处理样品量高，所以在农药分析中的应用广泛
膜萃取技术（ME, Membrane extraction Techniques）	基于非孔膜进行分离富集，主要有支载液体膜萃取、连续流动膜萃取、微孔膜液-液萃取、聚合物膜萃取等模式				高富集倍数、净化效率高，有机溶剂用量少，成本低，以及易于与分析仪器在线联用。膜萃取技术较易为是选择性最高及处理后最为"干净"的样品前处理技术	耗时多，效率较过程中固体杂质很较易堵基分离膜，造成分析时间的浪费

药降解、分布、沉降等残留水平调研，明确加工过程农药变化趋势及代谢转化的机制，综合分析农药残留对环境的污染及对食品安全的影响；④通过使用现代蛋白、代谢、转录等组学技术，拟通过结构或物理模型预测这些物质的毒理学活性。以上的这些研究热点，都给农药残留的检测分析技术带来了机遇与挑战，随着仪器设备的发展，农药残留仪器分析方面进入了飞速的发展阶段，以下介绍农残分析几种经典及新兴的检测技术。

1.3.1　气相色谱

气相色谱（Gas Chromatography，GC）是农药残留分析领域最典型、应用范围最广的仪器分析方法。容易汽化和汽化后不易分解的农药都可采用此方法来进行检测。多种农药可一次进样得到完全分离、定性、定量，是检测有机磷农药的国家标准方法。农药残留分析中常用的检测器有氢火焰离子化检测器（FID）、电子捕获检测器（ECD）、氮磷检测器（NPD）、火焰光度检测器（FPD）。待测农药各组分之间、各组分与干扰物之间的分离是由色谱柱完成的，色谱柱的规格和性能决定其分离效能。随着现代仪器的发展，气相色谱已经越来越多地与质谱联用，增强了检测的灵敏度，尤其是在于SPME、MSPD、QuEChERS 等前处理联用时能用简单的步骤同时测定多种药物残留，所以在这方面的研究也是越来越多。对于大多数研究，研究人员使用 GC 结合不同的检测器，如电子捕获检测器（ECD）、氮磷检测器（NPD）、火焰光度检测器（FPD）和 GC–MS 或 MS/MS 进行测定或进行进一步的确认。因为与 GC-MS 相比，其他基于 GC 的方法实验成本较低且更为一般（有待再查文献）。其中，GC-ECD 是确定农药的最常用技术之一，因为它对含有电负性官能团的分子具有选择性和灵敏度。在许多研究中，它通常用于测定有机氯和拟除虫菊酯类农药。NPD 适用于测定氮和磷农药，通常我们用 GC-NPD 测定有机磷和有机氮农药。FPD 通常用于测定含硫和含磷农药。Liu 等描述了使用改进的 QuEChERS 萃取结合 GC-FPD 分析快速分析 Morinda 根中 30 个 OPP 的污染状况。但有时检测可能因使用 GC 组合检测器（如 ECD）识别的保留时间的假阳性结果而变得复杂。

上述检测器不适合同时测定不同种类的农药的选择性，并且经常受到基质的干扰。由于这些原因，引入了质谱（MS）和 MS/MS 作为良好的多残留分析技术，因为它具有通用性和更高的灵敏度。可以在 MS 中同时检测不同类别的农药，并且可以通过全扫描或选择离子监测（SIM）光谱来鉴定和量化结果。此外，在 SIM 模式下使用 MS 检测器可以有效地区分分析物和杂质之间的信号，从而提高选择性并产生低背景噪声。

在 MS/MS 中，目标质量在第一个四极杆中选择并在碰撞池中分段。根据分析物从碰撞池产生独特的产物离子，只允许选择的产物离子通过第二个四极杆进行监测或检测。碎裂模式和产生的产物离子取决于目标分析物的化学结构，因此，MS/MS 比单四极杆探测器中常用的 SIM 模式更具特异性。串联或三重四极杆质量分析仪可以在多反应监测（MRM）模式下运行，可以监测大量分析物中的特定产物离子，但 MS/MS 中筛选的产物离子数量受扫描速度的限制。T. P. Ahammed Shabeer 通过 GC-MS/MS 分析优化了多残留方法，对豆蔻（Elettaria cardamomum）中的 243 种农药残留进行了靶向筛选和定量，LOQ≤0.01mg/kg，回收率在 70.0%~120.0%，大多数农药的 RSD≤20%。Li 使用 GC-MS/MS 检测了陈皮中的 133 种农药残留，并在 8 批实际样品中发现了 5 种农药。

1.3.2　高效液相色谱

高效液相色谱（Liquid chromatograph，HPLC）与经典液相色谱相比，高效液相色谱分离效率高，分离速度快，灵敏度高，同时还可以测定高沸点、热稳定等不宜于用气相色谱法测定的大分子量的化合物。液相色谱柱是液相色谱的核心，色谱柱的优劣直接决定着色谱分离的好坏。HPLC 的新技术体现在采用高效色谱柱、高压和高灵敏度的检测器、柱前或柱后衍生化技术、计算机联用等。20 世纪 90 年代，大气压电离接口技术的成功应用以及质谱本身的发展，使 LC-MS 的联用得到了极大的发展，特别是液相色谱与串联质谱的联用得到了极大的发展和重视。LC-MS/MS 逐渐成为热点研究领域。

基于液相色谱（HPLC）的方法是最常用的方法。它通常与不同的检测器结合，例如荧光检测器（FLD）、二极管阵列检测器（DAD）、MS 或 MS/MS。最近，由于其高灵敏度和选择性，质谱（MS）检测已成为优选的分析方法。该技术为评估不良物质的发生提供了有效的方法，为各种分析物提供了定性和定量信息。最近推出的农药往往比过去使用的非农药更具极性和挥发性。农药的这种复杂性质导致开发了用于分析某些农药或农药组的特殊方法。从这个意义上讲，HPLC 与串联质谱（LC-MS/MS）在多类农药残留分析中的应用比（GC-MS/MS）更具体。在 MRM 模式中连接到三重四极杆（MS/MS）的 UPLC 可以用作分析食品和其他基质中农药残留的最有希望的技术，因为它可以在痕量水平上进行量化和确认。

UPLC-MS/MS 是一种分析方法，其应用越来越广泛，特别是对于复杂的基质。它可以减少干扰和分辨率差的缺点，特别是使用具有高选择性和灵敏度的多反应监测（MRM）模式。赵祥生等试图确定麦冬和土壤中的 11 种植物生长延缓剂。由于大多数植物生长延缓剂是极性分子，难以气化，加热时易分解，此外，TCM 基质复杂，选择使用 UPLC-三重四极杆质谱仪作为分析方法，量化限制范围为 0.03~3.54mg/L。

　　不同的农药具有不同的性质，人们通常使用的色谱柱是 C18 反相色谱柱，其缺点是可能不易保留极性或中等极性化合物，然而，一些亲水性色谱柱能够与 100%水完全相溶，流动相比传统的反相色谱柱更好地保留了这些极性化合物，因此需要选择合适的色谱柱。

　　流动相组成的优化也是非常必要的，因为它可以强烈影响电离过程的性能和目标化合物的分离。对于大多数农药，在流动相中，使用甲醇作为有机溶剂而不是乙腈可以观察到更宽的峰形。此外，当 ESI +和 ESI-模式用于相同的分析运行时，乙腈多用于多残留分析。为了为所有分析物提供最佳的信号响应、分辨率和分离，可以在流动相中加入弱酸如甲酸和乙酸，并有助于形成正离子。赵祥生的研究表明，增加甲酸浓度可增强信号反应。然而，当甲酸浓度等于或高于 0.1%时，观察到信号响应的变化很小。除此之外，添加到流动相中的铵盐显示出更好的与 MS 检测的相容性，并且挥发性铵盐不会引起离子抑制，然而，乙酸铵和甲酸铵并没有显著提高电离效率。Lynda V. Podhorniak 使用 UPLC-MS/MS 优化了快速微型残留分析方法，用于测定人参根中的唑酰胺及其两种酸性代谢物。在选择流动相时，他发现在 ESI 模式下，甲酸和乙酸都没有改善酸性代谢物的响应，而且中性盐，甲酸铵和乙酸铵也没有改善 zoxamide 代谢物的电离 ESI 模式。除此之外，Mohamed S. Abbas 进行了实验，发现 LC-MS/MS 注射量影响基质效应，低注射量可降低基质效应并保持色谱分离度。

1.3.3　超临界流体色谱

　　超临界流体色谱（Supercritical Fluid Chromatography，SFC）的诞生可以追溯到 20 世纪 60 年代，Klesper E 等首次提出这个概念，此项检测技术在初期并未得到迅速普及应用，主要是因为当时的仪器设备不能精确控制检测过程中的压力，从而导致色谱分离性能的不稳定。随着流体压力控制以及温度调控等技术的不断创新，SFC 检测过程中的流体参数控制逐渐可以达到理想水平。这种检测方法相比于传统的 GC 和 HPLC 分析方法，能够充分利用超临界流体扩散速度快、黏度较小的特点，因此能够有效弥补传统检测手段的缺陷。SFC 法是一种以超临界流体为流动相，以固体吸附剂或高聚物为固定相的色谱分析方法。SFC 相较于传统普遍的 HPLC，前者能够在更短的时间内实现检测物质的有效分离，并且检测过程所需的有机溶剂更少，因此逐渐受到分析化学研究领域的重视。国外仪器设备厂家不断研制出各自的 SFC 检测装置，逐步实现仪器设备的商品化。我国在 SFC 检测装置制造方面的起步较晚，现正处于从实验室走向市场的转化阶段。

超临界流体指的是一种处于气体和液体之间的特殊流体物质，在临界状态下同时具有两者的部分优点。迄今为止，已确定的超临界状态物质可达上千种，包括一些较为常见的气体物质如 CO_2 和 N_2O 等，以及有机物 C_5H_{12} 与 $CC_{12}F_2$ 等，其中最具代表性的超临界流体是 CO_2。CO_2 实现超临界状态的实验条件是温度为 31.1℃，压力为 73.8bar，这样的温度和压力条件在实验中较容易实现。此外，CO_2 本身无毒，其分子结构表现为非极性，因此室温下具备很好的稳定性。CO_2 之所以能够作为典型的超临界流体物质，很大程度上是由于 CO_2 能够与多种类型的 LC 检测器匹配，并且经济环保，可充分利用工业生产过程中排放的废气。因为该气体在标准条件下呈现为气相状态，在分离纯化 CO_2 的过程中所需消耗的时间和能量较少。在采用 SFC 进行色谱分析时，为了改善 CO_2 对极性化合物的溶解性和洗脱力，通常需要引入适量的改性剂，例如甲醇和乙醇等极性溶剂。同时，为了提升流动相的洗脱过程以及增加其选择性，通常会向碱性或酸性化合物中引入乙酸或三氟乙酸等物质，这种手段既能够有效改善待测物的峰形，又可以覆盖固定相表面的活性位点。超临界流体色谱柱的选择是依据待测物质的性质来决定的，使用填充柱的称为填充柱超临界流体色谱法，使用毛细管柱的称为毛细管超临界流体色谱法。几乎所有的 HPLC 色谱柱都适用于 SFC 色谱法，包括硅胶柱、氰基柱和一些手性色谱柱。超临界流体色谱的手性固定相是在气相和高效液相色谱固定相的基础上逐步发展起来的，也是目前应用最广泛的固定相。市场上已经实现产品化的手性固定相多种多样，类型数量达到 1 500 多种，其中最为常见的是聚糖类的大分子键合、环糊精和大环抗生素类的大环类键合以及 Pirkle 型的小分子键合等。

近几年来，超临界流体色谱法已经成为对手性药物的立体异构体进行拆分的有效方法。在前期研究中发现，SFC 对映体分离的效果普遍高于 LC 筛选。然而，这两种技术在某些方面是互补的，张晶等研究发现多数化合物在 SFC 的分离效率要高于其在 HPLC 上的分离效率，但 HPLC 对轴手性化合物的分离效率要优于 SFC。SFC 和 HPLC 的分离表现出一定的互补性，随着苯环侧链烷基的碳数增加，化合物在 SFC 上的保留逐渐增强，而在 HPLC 的保留却逐渐减弱。从图 1-2 的评分系统中清楚地说明了为什么近年来 SFC 已经成为制药行业中对映体分离和纯化的主要技术以及广泛筛选方法的好处。近些年来，超临界流体色谱在中药成分分析领域发挥着日益重要的作用，传统的液相色谱难以准确分析成分复杂多样的中药样品，因而中药有效成分的分离提取始终是相关领域的一项研究重点，超临界流体色谱的应用在一定程度上解决了这些问题。近年来，作为 GC 和 HPLC 的重要补充技术，超临界流体色谱在农药残留分析领域应用越来越广泛。随着 SFC 仪器设备的逐步商业化及大量的手性固定相的研发和应用，快速高效、经济环保的超临界色谱法及其与质谱（MS）、核磁共振（NMR）等联用技术给农药残留分析的定性与定量分析开辟了一条新的思路。

1.3.4　毛细管电泳

　　是近年来在电泳技术上发展的一种分离技术。其工作原理是在高压场作用下，毛细管内的不同带电粒子会以不同的速度在背景缓冲液中定向迁移，从而进行分离。CE 也可与原子分光光度法（Atomic Absorption Spectrophotometry，AAS）联用。而毛细管电色谱（Capillary Electro Chromatography，CEC）具有 HPLC 和 CE 高选择性及高分离效率的共同优点，其中毛细管柱费用较低、检测微型化，可用来检测毒性强的农药。目前商品化的 CE 和 CEC 基本上都配备紫外检测器。目前，毛细管电泳尚缺乏灵敏度很高的检测器，可利用的紫外检测器能检测几个皮克（pg），但因样品量只有几个纳升的体积，故所用样品浓度被限制在 10^{-6} 级。

1.3.5　气相色谱—质谱联用技术

　　我国经济发展迅猛，对食品质量和安全要与国际接轨，农药残留分析成为重中之重。机械自动化技术飞速发展，为定性、定量、多残留、环境行为研究及其安全性评价建立了良好和广阔的平台。色谱—质谱联用仪成为现今农药残留分析必要的检测设备。气相色谱串联质谱（Gas Chromatography Mass Spectrometry，GC-MS）是技术最成熟、最早商品化的仪器。现已成为农药残留分析实验室的常规分析仪器。GC-MS 对单独的检测物质或者多残留待测组分都能达到满意的分离效果。1957 年，J. C. Holmes 和 F. A. Morrell 首次实现了气相色谱和质谱联用，这一联用技术成为目前农药残留分析定性确证的主要手段之一。在许多情况下，也可以考虑用 GC-MS 的选择离子检

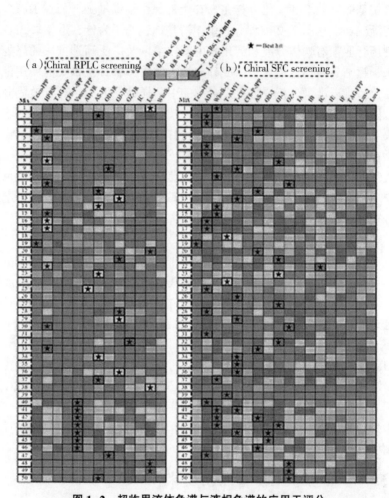

图 1-2　超临界流体色谱与液相色谱的应用于评分

(a) 50 种对映体混合物的手性 RP-LC 筛选；(b) 50 种对映体混合物的手性 SFC 筛选（Barhate 等，2016）。

测（SIM）模式进行定量分析。目前，农药残留分析实验室配备的主要是台式四极杆质谱仪。GC-MS 联用在农药残留分析上是比较成功的，特别适合于环境监测和食品质量安全控制。在样品的前处理上也没有特殊要求，抗干扰能力强。根据干扰离子碎片的情况，对定量分析的离子碎片选择也有较大的灵活性。样品前处理好，可以降低本底值，提高定量的准确度。基于 GC-MS 法测定食品中农药残留操作程序见表 1-3。

表 1-3　基于 GC-MS 法测定食品中农药残留操作程序的操作特点

分析物	基质	提取方法	提取溶剂	净化	离子模式	柱子类型	最低检测限 LOD (μg/kg)	回收率 (%)
毒死蜱	蔬菜	溶剂萃取	丙酮	无	EI	HP-5 MS	—	89~108
72 种农药	蔬菜	溶剂萃取	二氯甲烷	无	EI	CP-Sil 8 CB	0.02~4	70~130
9 种农药	橄榄油	溶剂萃取	石油醚—乙腈	无	EI	ZB-5 MS	3~60	73~91
31 种农药	水果、蔬菜	溶剂萃取	二氯甲烷	无	EI 或 PCI	DB-5 MS	0.01~2.60	71~119
20 种农药	桃	溶剂萃取	乙酸乙酯	无	EPS	DB-5 MS	—	—
5 种有机磷 1 种杀螨剂	桃和杏	溶剂萃取	丙酮—二氯甲烷	无	NCI	RTX-5 MS	10~100	—
20 种农药	婴儿食品	溶剂萃取	乙腈	无	EI	CP-Sil 8 CB	—	70~110
18 种农药	婴儿食品	超声波辅助萃取	同上	固相萃取柱（氨基柱）	EI	CP-Sil 8 MS	0.07~18.9	—
20 种农药	水果	溶剂萃取	乙酸乙酯	凝胶渗透色谱净化	ESI⁺	DB-XLB×DB-17	0.2~140	—
51 种农药	蜂蜜	溶剂萃取	水—甲醇	C_{18}柱	ESI⁺	ZB-5 MS	< 6	86~101
90 种农药	水果	溶剂萃取	丙酮	SDB 柱	ESI⁺	DB-35 MS	10	72~147
17 种农药	蔬菜、水果、婴儿食品	溶剂萃取	甲醇	固相萃取搅拌棒	ESI⁺	HP-5 MS	—	43~100
78 种农药	蔬菜	溶剂萃取	乙酸乙酯	分散固相萃取法净化	ESI⁺	RTX-5	1.1~19.8	96~113
20 种农药	婴儿食品	溶剂萃取	乙腈	固相萃取柱（氨基柱）	ESI⁺	CP-Sil 8 CB	—	70~110
不同类型农药	蔬菜、水果	QuEChERS 方法	乙腈	分散固相萃取法净化（PSA）	ESI⁺	DB-5 MS	—	85~101

（续表）

分析物	基质	提取方法	提取溶剂	净化	离子模式	柱子类型	最低检测限 LOD（μg/kg）	回收率（%）
229种农药	蔬菜、水果	QuEChERS方法	乙腈	分散固相萃取法净化（PSA）	ESI$^+$	DB-5 MS	—	70~120
32种农药	牛奶、鸡蛋	QuEChERS方法	乙腈	分散固相萃取法净化（PSA）	ESI$^+$	DB-5 MS	—	>95
32种农药	脂类食品	QuEChERS方法	乙腈	分散固相萃取法净化（PSA）	ESI$^+$	DB-5 MS	—	>27
12种农药	婴儿食品	QuEChERS方法	乙腈	分散固相萃取法净化（PSA）	ESI$^+$	ZB-50	—	60~113
18种农药	苹果	QuEChERS方法	乙腈	分散固相萃取法净化（PSA）	ESI$^+$	CP-Sil 8 CB MS	<5	—
43种除草剂	大麦	QuEChERS方法	乙腈	分散固相萃取法净化（PSA）	ESI$^+$	RTX-CL	1.0~2.3	62~78
20种不同类型农药	婴儿食品	QuEChERS方法	乙腈	分散固相萃取法净化（PSA）	EI	CP-Sil 8 CB	—	70~110
27种有机氯农药	鱼组织	超声波辅助萃取	丙酮-正己烷	固相萃取柱（Florisil柱）	EI	DB-5 MS	0.5~20	78~115
杀虫物	蜂蜜	超声辅助萃取	丙酮-正己烷	无	EI	DB-17	—	—
22种农药	植物	超临界流体萃取	CO_2	—	EI	DB-5 MS	—	—
多种农药	苹果、绿豆、胡萝卜	超临界流体萃取	CO_2	—	EI	—	—	>50

（续表）

分析物	基质	提取方法	提取溶剂	净化	离子模式	柱子类型	最低检测限 LOD（μg/kg）	回收率（%）
33 种农药	蜂蜜	超临界流体萃取	CO_2	Florisil	EI	LM-5	—	—
22 种农药	大米	超临界流体萃取	CO_2	氨丙基	EI	DB-5 MS	—	—
联苯菊酯、氟丙菊酯、高效氟氯氰菊酯、溴氰菊酯	草莓	微波辅助萃取	乙腈-水	固相微萃取（PDMS）	EI	同上	0.9~13.8	—

—表示无报道

1.3.6 液相色谱–质谱联用技术

LC–MS 联用仪（Liquid Chromatograph–Mass Spectrometer, LC–MS）通常指高效液相色谱仪与质谱仪的在线联用。与 GC–MS 的区别是 LC–MS 适合于热不稳定、难挥发等农药残留的快速定性和定量分析。

LC–MS 的研究开始于 20 世纪 70 年代，液相色谱的真空系统具有高效、快速、排气量大等优点，由于用液相色谱分离的是强极性、不易挥发的农药，电子轰击离子化（EI）和化学电离（CI）不是十分适合，而热喷雾（TSP）、电喷雾（ESI）等软电离技术目前使用较广。其中，大气压化学电离（APCI）在残留分析中应用最广。LC–MS/MS 主要以反相分离为主，正相为辅。离子交换色谱应用的较少，主要原因是流动相中大量的辅助试剂，很容易造成接口堵塞或严重干扰电离。大量报道 LC–ESI–MS 和 LC–ESI–MS–MS 用于分析各种基质中农药残留量测定样品（表1-4），其前处理的简单净化程序不仅可以减少样品分析时间，更重要的是可以节约方法建立的时间。

1.3.7 免疫分析

是基于抗原、抗体的特异性识别和结合反应的专一性为基础的检测方法。具有特异性强、灵敏度高、方便快捷、安全可靠等优点，用于农药残留分析的标记方。其中最为成熟的是酶联免疫分析（ELISA），ELISA 发展较快，现已成为应用最广泛的技术之一。它是基于抗原和抗体的特异性识别和结合反应，对于小分子量农药需要制备人工抗原，才能进行免疫分析。

1.3.8 生物传感器

是一类特殊的传感器，以生物活性单元作为敏感单元，具有选择性好、灵敏度高、分析速度快、成本低等优点，并在近期得到了迅速的发展。其中，乙酰胆碱酯酶在生物传感器领域研究较广。

1.3.9 其他快速检测技术

在农产品农药残留检测中，快速检测已经成为一种趋势，其中主要代表有酶联免疫法和酶抑制法两种。免疫法利用的是抗原抗体的专一性反应，但研发时间长，需要资金多，并且一般只能针对一种农药，使用范围较小。酶抑法是相对成熟的一种农药残留快速检测方法，其核心在于酶的选择。在植

表 1-4　基于 LC–MS 法测定食品中农药残留操作程序的特征参数

分析物	基质	提取方法	提取溶剂	净化	离子模式	流动相	最低检测限 LOD (μg/kg)	回收率 (%)
31种农药	水果蔬菜	溶剂萃取	乙酸乙酯	无	ESI$^+$	甲醇/甲酸铵	0.011~0.060	72~104
9种农药	橄榄油	溶剂萃取	石油醚-乙腈	无	ESI$^+$	甲酸水/乙腈	0.2~3	84~104
74种农药	水果蔬菜	溶剂萃取	乙酸乙酯	无	ESI$^+$	甲酸水/甲酸+甲醇	—	63~133
16种农药	蔬菜	溶剂萃取	乙酸乙酯	无	ESI$^+$	甲酸铵-甲酸/甲醇-乙腈	0.5~5.0	70~105
霜霉威	蔬菜	溶剂萃取	甲醇	无	ESI$^+$	甲醇/醋酸铵	25	92~110
阿维菌素、印楝素	橘子	溶剂萃取	乙腈	无	ESI$^+$	水/甲醇	2~7	53~103
10种农药	橘子	溶剂萃取	乙酸乙酯	无	APCI$^+$	水/甲醇	2~200	32~98
6种农药	橘子	溶剂萃取	乙酸乙酯	无	APCI$^+$	水/甲醇	—	72~94
9种农药	水果	溶剂萃取	乙酸乙酯	无	ESI$^+$	水/甲醇	—	59~101
17种农药	苹果	溶剂萃取	乙腈	无	ESI$^+$	水/甲醇	—	—
6种杀菌剂	水果	溶剂萃取	丙酮	无	ESI$^+$	水-醋酸铵/甲醇-醋酸铵	5~25	75~99
24种农药	水果	溶剂萃取	丙酮/乙酸乙酯/环己烷	无	ESI$^+$	水-甲酸/乙腈	—	76~106
定硫克百威	橘子	溶剂萃取	二氯甲烷	无	TIS	水-醋酸铵	0.4~3	—
6种农药	橘子	溶剂萃取	乙酸乙酯	无	ESI+/ESI$^-$	水/甲醇	5~200	72~92

（续表）

分析物	基质	提取方法	提取溶剂	净化	离子模式	流动相	最低检测限 LOD（μg/kg）	回收率（%）
19种氨基甲酸酯类农药	水果蔬菜和谷物	USE	甲醇－乙酸铵－乙酸	无	ESI⁺	醋酸水－甲酸铵/乙酸铵－甲醇	10～20	70～120
定硫克百威及其代谢物	橘子	PLE	二氯甲烷	无	APCI⁺	水/甲醇	0.01～0.07	55～90
10种农药	橘子	溶剂萃取	甲醇/水	固相萃取搅拌棒（PDMS）	APCI⁺	水/甲醇	1～50	8～84
13种氨基甲酸酯类农药	苹果食品	溶剂萃取	乙腈	固相萃取柱（Oasis HLB柱）	ESI⁺	乙腈醋酸铵：乙腈：水/水	0.09～0.2	75～95
矮壮素、甲哌鎓	番茄、梨、小麦	溶剂萃取	水/甲醇	固相萃取柱（SCX柱）	ESI⁺	水－甲酸铵－甲醇	＜3	—
17种磺酰脲类除草剂	谷物、土豆	溶剂萃取	水/甲醇	分散固相萃取法净化	ESI⁺	乙腈－甲酸水/乙腈	1.1～6.9	80～116
43种及9种代谢物	水果蔬菜	溶剂萃取	甲醇水（0.1%甲酸）	固相萃取柱（Oasis HLB柱）	ESI⁺	甲酸水/甲酸－甲醇	—	70～110
4种新烟碱类农药	水果蔬菜	溶剂萃取	丙酮	固相萃取柱（Extrelut NT20柱）	ESI⁺	乙酸水/乙酸－甲醇	20～100	74.5～105
5种新烟碱类农药	水果蔬菜	溶剂萃取	甲醇	固相萃取柱（Envicarb柱）	APCI⁺	水/甲醇	10～20	70～95
16种有机磷农药	婴儿食品	QuEChERS方法	乙腈	分散固相萃取法净化（PSA）	ESI⁺	水/乙酸铵－甲醇	—	85～113
43种除草剂	大麦	QuEChERS方法	乙腈	分散固相萃取法净化（PSA）	ESI⁺/ESI⁻	甲醇/甲酸－甲醇	0.2～23.2	37.4～135

（续表）

分析物	基质	提取方法	提取溶剂	净化	离子模式	流动相	最低检测限 LOD（μg/kg）	回收率（%）
15 种农药	水果蔬菜	QuEChERS 方法	乙腈	分散固相萃取净化（PSA）	ESI+	乙腈/甲酸水	0.5~30	—
抑霉唑、咪酰胺	柑橘	QuEChERS 方法	乙腈	分散固相萃取净化（PSA）	ESI+	甲酸水/乙腈	—	—
229 种农药	水果蔬菜	QuEChERS 方法	乙腈	分散固相萃取净化（PSA）	ESI+	甲酸水/甲醇-甲酸	—	70~120
10 种农药	水果	PLE	乙酸乙酯	基质固相分散萃取	APCI+	水/甲醇	—	58~97
6 种氨基甲酸酯类农药	牛奶	PLE	水（90℃）	基质固相分散萃取	ESI+	甲醇-甲酸/甲酸水	1~4	85~105

物酯酶的作用下水解底物，生成的产物会发生颜色反应，在农药存在时会抑制酯酶，而不能发生颜色反应，从而可以根据颜色的变化来判断农药的存在情况。可应用于有机磷和氨基甲酸酯类农药，而这两种农药在我国的市场上占到了很大的比重，所以，该领域的研究也很活跃。

总之，两种方法虽然各有优点，但由于检测农药种类和灵敏度的限制，已经不能满足当前农药残留的种类和灵敏度的要求，主要应用于一些要求不高的快速检测中。

1.4 农药残留检测发展的方向

随着环境污染的加剧，生态安全和食品安全问题已引起人们的极大关注，而农药残留是一类主要的环境污染物，它直接影响经济的可持续发展和人们的健康。而在当今先进的农药生产条件下，不断涌现出许多化学结构和性质各异、待测组分复杂的农药新品种，这就给农药残留检测带来了新的难题，需要检测技术不断地发展进步。要求现在农药残留检测朝着快速、节约、准确、环保方向发展，要求节约大量样品的前处理时间，要求操作分析自动化；符合这三方面的农残检测技术必然会有长足的发展。所以，中国应积极开展对于国际标准的研究工作，积极吸收国外先进的检测经验，加强农药残留检测研究，力争达到国际检测标准并为农作物国际贸易提供农药残留量的科学依据。

总之，我国农残检测研究要重视人才培养，加强国内、国际间技术合作，缩小我国农药残留检测水平与国际之间的差距，这是我国农药残留面临的首要任务。

第2章　农药的环境行为研究

　　农药使用后，大部分农药直接或间接进入农作物及环境介质中，大量的不合理的使用会使农药残留于基质中。从而对环境造成污染，危害生物安全。农药在环境中的残留量不仅与农药自身理化性质有关，也与环境基质的理化性质有关，多方面因素决定了该农药在环境中的降解归趋。因此，研究农药在环境中的残留动态、降解转化，能够更好地、更合理、更安全有效地利用农药，从而具有重要的现实意义。

　　一旦将农药施用于目标作物，许多作用方式开始从施用部位移除喷施的农药，这就是环境行为的过程。比如喷施到植物上的除草剂，该农药可能被植物本身吸收，可能通过沉淀在土壤上而被淋洗掉，可能在植物表面上发生光降解，或者可能挥发回到空气中（图2-1）。直接落在土壤上或冲洗到土壤上的除草剂可经历多种过程，主要可分为两大类：降解和转化过程。降解过程包括土壤生物的生物降解和非生物化学和光化学转化。在土壤中的除草剂的运输可以向下进入土壤剖面（浸出），穿过土壤表面（径流）或进入空气（挥发）。每一个都是基本过程的组合，包括吸附、对流和扩散。但每条路线不是独立于其他路线，而是一个整体。什么会影响农药的环境行为？环境/气候条件（即土壤物理，生物和地球化学成分，水分，降水，湿度，风）和管理（施用时间和速率）都会影响农药的降解途径及半衰期等。土壤半衰期反映了农药的降解，其中可能包括非生物过程，如水解以及环境土壤和环境条件下的生物降解。地下水中的所有农药和地表水中存在的大部分残留物都通过土壤进入。农药进入土壤的主要途径有两种：在叶面处理过程中喷洒到土壤中的漂移加上处理过的树叶的冲刷和直接施用于土壤的颗粒释放。研究土壤—吸附—解吸中农药的动态变化至关重要。在研究这些问题时，特别是在田间试验中，必须使用稳定、高效的分析技术，以便提高农药分析提取效率和减少基质干扰以防影响定量。

　　农药的结构各不相同，从而形成了不同作用方式，如经常将农药分为除草剂、杀虫剂或杀菌剂等。化学结构的差异也有助于确定农药在环境中的运动方式。有些农药可溶于水，这意味着它们可以在水流动地方进行移动。有

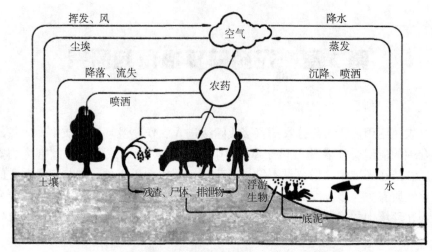

图 2-1 农药在环境中的归趋

些农药容易挥发，这意味着它们可以从液体转变为气体，并且更容易随空气移动。在研究化学结构时要考虑的其他因素是基于它们如何降解或改变其在环境中的形态以及改变发生所需的时间。在转化过程中，一些农药对其目标生物和其他环境都无害。其他农药可能会降解成比原始化学品毒性更大的化学品。然后，子产物或降解产物可能对除了预期产物之外的生物体有毒。根据其化学结构，农药在环境中也会以不同的速率降解。例如，土壤生物可能在几天内降解农药，而另一种农药可能需要数十万年才能降解。农药的降解或转化会导致结构发生变化，并会改变其在环境中的移动方式，农药转化可能发生于所在的任何环境中。环境中杀虫剂的行为受到决定其持久性和流动性的许多过程的影响。农药与土壤，地表水和地下水的相互作用是复杂的，受到许多生物、物理和化学反应的控制。了解沉积物和水生生物群体中农药的发生和分布，需要考虑农药来源，运输过程，转化机制以及沉积物和水生生物群的去除。一般而言，农药从施用点的移动首先通过将农药输送到河流中的过程来控制，然后通过将农药从水中输送到床沉积物或生物群的过程来控制。一旦进入这些地方，环境过程就会继续对农药产生影响。一般而言，控制土壤中的农药以及地表水和地下水的行为和行为的环境过程可以分为以下类型：运输过程，将其从引入环境的初始点移动到整个地表水系统；转移过程，控制其在环境隔室中的运动，如水、生物群、悬浮沉积物、沉积物和大气；转移指的是农药在固体和液体之间分配的方式（例如在土壤和水之间)，或在固体和气体之间（在土壤和它所含的空气之间）；转化过程指的是改变农药结构或完全降解农药的生物和化学过程。一般而言，农药在地表水系统中的短期行为和长期行为受农药的物理、化学和生物特性控制（反过来又取决于其化学结构）和环境因素的影响。

2.1　农药在环境中降解行为研究

2.1.1　水环境中降解

农药的降解受非生物性（如：水解、光解）和生物因素（如：微生物降解）的影响。释放在水生环境中后，农药与环境之间通过水解降解作为主要转化途径。水解属于非生物降解，是农药最主要的降解方式之一。农药污染地下水或地表水的潜力受许多因素的制约，这些因素包括土壤的性质、农药的性质、土壤上的水力负荷以及作物管理实践。

农药对水环境污染程度不仅与农药自身理化性质和生物毒性有关，环境因子对农药的水解速率也有着不可忽视的影响。其中，水体酸碱度、环境温度和水体有机质含量都是主要因素。pH 值对农药在水环境中的降解的影响，主要有以下几个方面：酸、碱性条件，水分子亲合攻击发生亲核取代能力增强，促进水解发生；水解时，亲核试剂（OH^- 或 H_2O）进攻一些农药分子中心的亲电子集团（C、S、P 等），使与亲电子基团相连的带负电的强吸电子基团离去，从而发生亲核反应。然而对于大多数农药的水解反应，由于农药种类不同、化学结构不同，从而它们水解时，可能发生单分子亲核取代反应（SN1），也可能发生双分子亲核取代反应（SN2），或者分子内亲核取代反应。同时，pH 值会通过影响水体中微生物的量及活性来影响其生物降解；pH 值还会影响农药在水环境中的光解。温度的影响主要表现在：温度升高，水解速率增大，温度降低，水解速率减小，影响程度随温度的不同而不同。不同水环境中无机物、有机物及微生物的量有所不同，这些因素的存在对农药在水环境中的降解都会造成不同影响。农药的水解是一个已经得到广泛研究的领域，因为大多数进入环境的化合物将在某个阶段与水接触，或者被亲脂性介质吸附。并且由于地表水和地下水被人类及农业领域广泛使用，通过对水体中农药残留量的检测，研究农药的水解特性不仅有助于理解水解途径及水解机理，确定农药的稳定性、水解产物，更是评价农药在水体环境中是否安全的一个非常重要的指标。它从毒理学评估和对残留物的分析的角度并为正确使用农药和了解农药的环境残留污染提供指导。然而不同于其他农药和优先污染物，丁氟螨酯在环境中的行为并没有得到广泛的研究。通过本试验研究，从结构上来看，丁氟螨酯在水环境中的降解途径可能涉及酯的裂解，可能形成邻-三氟甲苯甲酸（B-1）和邻-三氟甲基苯甲酰胺（B-3），并作为主要的代谢产物。然而，因为大量的代谢产物或降解产物的成本高，并且缺乏标准品，确定所有的代谢产物是困难的。

2.1.2 土壤环境中降解

土壤在降解环境毒物上的作用是不可替代的。当农药施用到环境中后，土壤是其主要的容纳场所和消化吸收场所，也就是大部分的农药实际上进入了土壤环境中，由于土壤农药降解是农药在土壤环境中最主要的转化途径，所以土壤又被称为"集散中心"或者"储藏库"。农药在土壤中降解速度越快，其残留期越短，生态毒理风险越小；反之，其残留期长。生态毒理风险大。农药在土壤中的降解主要包括以下两种：土壤中农药的化学降解和生物降解。农药在土壤中的降解行为被认为是农药在土壤与环境中行为研究评价的重要标准，其降解半衰期对农药在土壤中的吸附-解吸附、迁移及其转化等环境行为具有重要影响。土壤是农药登记和环境安全性评价不可缺少的重要参数。

不同的土壤和气候因素以及处理方法促进或阻止了每个过程。个别土壤因子的作用可归纳为：土壤质地或土壤颗粒大小的分布影响水分通过土壤的运动速率和土壤的活跃表面积。细纹理土壤具有更大的表面积和更低的渗透性，因此接触时间更长，污染衰减的吸附面积更大。由于非常小的孔径和可用于阳离子（带正电荷的分子）的吸附的巨大表面积，高黏土含量对于污染衰减特别有利。一些农药通过吸附到黏土胶体而失活和降解。还应考虑可以改变有效质地的因素，如大孔现象。这在其他细纹理土壤中最明显，如收缩黏土。

土壤渗透率是水通过土壤的速度。这个因素对衰减潜力非常重要。正如在土壤质地的讨论中所指出的那样，水流速度的缓慢增加了水生污染物与土壤颗粒之间的接触时间，从而使天然污染物去除过程更有效地发挥作用。土壤深度影响污染物与土壤颗粒之间的接触量和时间。更深的土壤增加了固有的物理、化学和生物处理过程中的接触和潜在的衰减。土壤 pH 值影响污染物的溶解度和可能去除污染物的生物过程的速率。一般来说，酸性土壤往往会增加污染物的溶解度，减少对土壤颗粒的吸附，并降低生物处理过程的有效性。土壤有机质影响土壤的吸附潜力和生物活性水平。有机物质可以结合挥发性有机化学物质、金属、营养素、杀虫剂和一些病原体。有机物质还可作为有机废物和农药分解中必不可少的微生物的能源。湿有机土壤也可通过反硝化除去氮。潮湿的有机土壤经常出现在地下水放电区域，污染物更多地是地表水质问题。土壤坡度会影响渗透到土壤中的水量。平坦的斜坡往往会增加水和相关污染物进入土壤的渗透，从而增加对含水层的潜在局部补给（和污染）。陡峭的斜坡导致径流水和相关污染物运输到另一个位置，在那里它为地下水补给水或污染地表水。农药自身的理化性质对于确定其在环境中的归趋行为也很重要。这些特性主要包括：水溶解度（水溶性）—吸附土壤的趋势（土壤吸附）—环境中的农药残留（半衰期）。如水溶性高的农药，其在土壤颗粒中较水溶性低的农药更容易被淋出，从而致使水溶性高的农药更倾向于进入地下水中。这三个因素，即土壤吸附、水溶性和持久性，通常用于评估农药在施用后对地表径流的浸出或移动的可能性。土壤吸附是通过分配系数 K_{oc} 测量的，K_{oc} 是农药附着在土壤颗粒上的趋势。较高的值（大于 1 000）表明农药非常强烈地附着在土壤上，除非发生土壤侵蚀，否则不太可能移动。较低的值（小于 300~500）表明农药倾向于随水移动并有可能随着地表径流而浸出或移动。

水溶性以 mg/kg 为单位进行测量，并测量农药从农作物中清除、浸入土壤或随地表径流移动的难易程度。溶解度小于 1mg/kg 的农药倾向于保留在土壤表面上。如果发生土壤侵蚀，它们往往不会被淋溶，但可能会在地表径流中随土壤沉积物移动。溶解度大于 30mg/kg 的农药更容易与水一起移动。农药持久性是根据半期或者半衰期来衡量的。农药在土壤中降解至原始量的一半所需的时间（表 2-1）。例如，如果农药的半衰期为 15d，施用后 15d 仍然会有 50% 的农药存在，30d 后会有一半的农药（原来的 25%）存在。半衰期越长，农药运动的可能性越大。半衰期大于 21d 的农药可能会持续足够长的时间，以便在降解之前浸出或移动地表径流。表 2-2 举例说明了有机氯农药的持久性。在这个框架中，污染物可用性这一术语成为一个重要的概念；它指的是化学品从地下释放到环境中和/或生物可利用于生态和人类受体的速率和程度。污染物释放到环境中后的传播取决于污染物在水、土壤和沉积物与大气相之间的分配，以及通过生物和/或非生物方式的可降解性。这些过程决定了其传播的影响和程度。

表 2-1 农药残留

残留量	土壤半衰期
非持久	少于 30d
非常持久	30~100d
持久性农药	超过 100d

表 2-2 农业土壤中氯化烃杀虫剂的持久性

杀虫剂	施用后年数	残留率（%）
艾氏剂	14	40
氯丹	14	40
异狄氏剂	14	41
七氯	14	16
Dilan	14	23
Isodrin	14	15
六六六	14	10
毒杀芬	14	45
狄氏剂	15	31
滴滴涕	17	39

没有单一因素，即吸附、水溶性或持久性，可用于预测农药行为。正是这些因素的相互作用以及它们与特定土壤类型和环境条件的相互作用决定了农田中的农药行为。表 2-3 显示了受水、农药和土壤特性影响的农药污染潜力。

表 2-3 水、农药和土壤特性对地下水污染潜力的影响

地下水污染风险		
	低风险	高风险
农药特性		
水溶性	低	高
土壤吸附	高	低
持久力	低	高
土壤特性		
结构	细黏土	粗砂
有机质	高	低
孔隙	少而小	大而多
地下水深度	深（40m 或以上）	浅（8m 或以下）
水量		
雨水/灌溉	小容量非频繁	大容量且频繁

国内外的研究表明，土壤的有机质含量（Organic Matter Content，OM%）、黏粒含量（Clay%）、阳离子交换量（Cation Cxchaltge Capacity，CEC）和 pH 值等土壤理化性质是影响农药在土壤中降解行为的重要因素。国内的试验主要根据《化学农药环境安全评价试验准则》的要求开展有氧厌氧部分试验。现有的新型厌氧培养装置主要是针对微生物菌群的筛选，对环境样品的传统厌氧培养为积水厌氧培养，主要依靠在土壤上面加水层，从而阻隔空气与土壤的接触，水层的厚度大概要在 2cm 以上，然后进行每一个样品瓶的密封，最后置于真空干燥器内进行抽真空，充氮气，再置于人工智能气候箱内进行黑暗恒湿的培养。然而此操作方法存在着大量的不足：①操作程序烦琐，需要一定的实践经验；②试验成本较高。真空干燥器内的空间大小有限，每次只能装六个样品瓶，而每一个智能人工气候箱最多只能装两个真空干燥器，一批样品需要 4~5 个人工气候箱，成本较高；③样品不能独立取样，每次取样都需要重新密封抽真空，充氮气，容易造成真空干燥器爆裂，样品损坏甚至造成人员危险；④不能保证完全的厌氧环境，每一次取样都会有 2~3h 的有氧环境，造成厌氧环境的破坏，影响农药降解的准确性。

为此，本团队设计一种无须真空干燥器装置、方便室内大批量厌氧培养样品的新型简易装置，基本原理如下：厌氧培养瓶利用密封软胶塞与空气隔绝，并用大容量规格的针筒，从外部对瓶内进行抽真空并保持厌氧环境。厌氧培养瓶可以适用于大量的样品不用按照顺序，可以随意排列，并且可以实时取样，抽样进行检验，对其他样品不存在干扰，每一个样品瓶属于独立的个体，样品瓶中基质量大与现实更加接近，更符合试验的要求。具有更严格的厌氧环境，成本低廉、操作方便、节省空间和应用广泛等诸多优点。

2.1.3　水—沉积物系统降解

沉积物（Sediment）是任何可以由流体流动所移动的微粒，并最终成为在水或其他液体底下的一层固体微粒。沉积作用（Sedimentation）即为混悬剂（Suspended Material）的沉降过程（Settling）。农药可以通过直接应用、喷雾、径流、排水、污水处理、工业生产、家庭或农业废水和大气沉积而进入到水体的表面或底层。对于水体的研究主要集中在高锰酸盐指数、氨氮、亚硝酸盐氮、硝酸盐氮和挥发酚等重金属含量，重金属是环境监测部门多年监测的主要污染指标，而对悬浮物、沉积物中农药的残留研究较少。由于大多数农药为人工合成的产物，并且一般是疏水亲脂的，特别是有机质高的沉积物中农药残留量较高，例如大多数有机氯农药理化性质非常稳定，难以降解，在环境中容易积累。虽然自1983年逐步停止了有机氯农药的使用，但由于它们很难降解，在土壤和沉积物中能长期残留。沉积物中残留农药对底栖生物、鱼类和飞鸟有直接的危害，也有可能再释放到水体，由于有机氯农药生物富集和扩大的效应显著，对人体也能造成很大的危害。

所以当农药通过各种途径进入水体后，大部分被吸附在悬浮颗粒物上，其中一部分则随悬浮颗粒沉降在水体底部，进入水体及沉积物系统中，由于农药可能具有难降解性、在环境中持久存在等特点，而对环境造成污染，从而对人体健康造成严重威胁。深入地探明农药在悬浮物、沉积物中的含量及分布，不仅可对该类农药在该地区水域中的生态风险性作出正确合理的评价，而且为饮用水水源污染控制和水环境的质量改善提供重要科学依据及数据支持。对于水—沉积物的研究着重在于试验中使用沉积物的数量和类型。自然的水—沉积物系统中上层的水相大多是需氧的，沉积物的表层可能是需氧也可能是厌氧的。然而更深层的沉积物多为厌氧。本书通过实验室模拟方法来研究和评估有机农药在水—沉积物系统中的降解归趋。

2.2 农药在环境中的迁移

农药具有在许多环境媒介中三维移动的潜力。农药的性质和运输的介质将决定它将移动的区域、收集的方式、发生的速度以及它将在环境中停留多长时间。农药可以存在于土壤、水、空气和生物组织（植物、鸟类、鱼类和人类）的任何地方（图2-2）。农药施用于土地后的运输涉及多个同时或连续的过程，包括排放、冲洗、降解、吸附/解吸、挥发、浸出、径流、植物吸收。

这些过程可分为影响持久性光降解、化学降解、微生物降解的过程，以及影响运输率（吸附、植物吸收、挥发、风蚀、径流、淋溶）的过程（以下几个关于农药运输应考虑的问题需要说明：运输方式；农药的配比；运输过程中农药的降解行为）。这些问题的答案涉及气象学、气溶胶行为、农药的挥发性和溶解性、浸出行为、吸收和吸收性质、光分解、生物降解、化学降解、生物放大的复杂处理、生物累积、解毒、对非靶标生物的影响、毒理学等。这意味着可以认为农药在环境中存在动态降解行为。

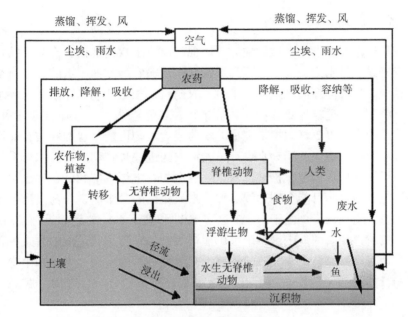

图 2-2　农药在环境中的运输

2.2.1　农药在空气中的迁移

无论其所用的介质如何,都有可能通过空气运输。从农田到农药的空气释放过程—农药排放—从植物冠层或土壤表面到大气发生。排放强度取决于:蒸气压、化学品挥发热、大气与任何其他相之间的分配系数、空气流量、农药施用方法。农药的排放潜力还取决于排放因子,通常定义为排放与农药使用的比例。空气中的农药可以移动很长的距离并且可以通过多种方式发生。它们可以在施工期间在风中携带。此外,它们可以用小颗粒(如土壤)或较大的物体(如被风捕获的叶子)运输,并且可以从它们所施加的任何表面挥发掉。沉积是当携带农药的风速减慢到足以使其速度不能够在空气中保持它并且落在其下方的任何东西上时发生的。这就是所谓的干沉积。即使空气相对静止,非常小的颗粒或农药分子也可能留在大气中。当下雨时,这些杀虫剂可以从大气中除去,并且通过所谓的湿沉积,液滴在下降的过程中捕获它们。

2.2.2 农药在水中的迁移

农药运输可能发生在湿的地方、表面径流、水渗透地面、沟渠、雨水管道、瓷砖线、排水沟、河流和开阔水流。在运输农药方面，水的特性与空气非常相似。当悬浮在溪流或河流中时，农药可以相对活动。在水文循环水库内的下游和分散运输导致在相对较宽的区域内影响人类和环境健康的潜力。高速移动的水可以更好地携带更重的农药或者农药可能附着的颗粒，而不是缓慢移动的水。更快的流动水也有可能使农药进一步移动。开放水域系统中的农药可漂浮在水面上，扩散到水中，或沉积在水体底部的沉积物上。从地表移过土壤的农药可能会到达浅层地下水或更深的含水层。农药浸出会导致地下水系统受到污染。由于地表径流、侵蚀和地下水排放到邻近河流/溪流的农药负荷，相关的地表水系统也可能被污染。农药及其运输的方式主要受地下和地表设置以及农业实践的控制，并受到一系列物理、化学和生物过程的影响，如渗透、蒸发蒸腾、作物根吸收、平流、分散、吸附、腐烂、挥发等。

2.2.3 农药在土壤中的迁移

一旦杀虫剂进入土壤，它很可能会遵循以下三种途径之一：用水移动土壤；附着在土壤颗粒上；被土壤中的生物和/或游离酶代谢。土壤质地（沙子、淤泥和黏土的百分比）和结构在农药的运输过程中发挥着重要作用。沙子含沙量高会使水迅速通过，不易附着在农药上，一般不含有相对于其他土壤类型而言的大量土壤生物。黏土和有机物含量高的土壤会减缓水的流动，很容易附着在许多农药上，并且通常具有更高的多样性和可以代谢农药的土壤生物种群。

2.2.4 农药在生物体内的迁移

一般来说，农药可以在生物体组织中不断累积，这个过程（通常称为生物累积）导致组织中农药浓度不断增加。生物体内生物累积的农药通常在环境中非常稳定，即使通过摄入并储存在体内，它们也不会轻易地发生降解，而保持其母体形态。农药与生物的相互作用涉及生物体的代谢、积累和消除，以及生物降解和生物放大。农药从其进入生物体的地方到其作用部位的运动涉及农药分子的流动性和植物或动物运输机制的效率，即农药在植物中移动的速度或者系统。例如，内吸性除草剂必须通过植物进入相互作用区域。其他除草剂在植物中是不可移动的，仅影响与它们直接接触的组织。渗透程度取决于生物体对特定农药的渗透性。这种渗透性在植物和昆虫中甚至在同一生物体的不同组织中显著不同。在动物中，呼吸系统和消化系统的组织通常比皮肤更具渗透性。近年来，人们越来越关注具有内分泌毒性的农药，这些农药可能会导致出生缺陷和生殖障碍比例的增加。

近年来，农药已从家用产品中慢慢消除，但较旧的家用农药自购买之日起可能已被重新分类。时代越长的农药被禁限用的几率就越大。一般来说，任何超过五年的农药都不应该使用，直到权威机构确定是否仍然可以根据标签上的说明使用杀虫剂，不同的官方文件都包含禁用农药的清单。Pesticides Action Network Europe 制定了由 27 个政府和非政府机构签署的立场文件，建议预防原则适用于欧洲农药在考虑内分泌干扰化学品（EDCs）时的批准。具体而言，根据第 91/414/EEC 号指令批准的农药，PAN Europe 建议根据第 79/117/EEC 号指令，应禁止公开同意作为内分泌干扰的农药的使用。根据欧盟优先权清单草案，这适用于 OSPAR 确定的农药以及被列为高度关注的农药。应禁止使用阿特拉津，硫丹、Vinclozolin（被 OSPAR 鉴定为 EDCs）和甲草胺，芬太尼，林丹，利谷隆，代森锰锌，福美双，乙烯菌核利和代森锌（按照欧盟优先权清单草案分类为高关注度）。

2.3　农药在环境中的分布

农药的分布相当于其迁移性，对于病虫害防控至关重要。通常，某种农药必须在土壤中移动才能到达发芽种子。大量的运动可以减少害虫控制、污染地表水和地下水以及其他物种（包括人类）的伤害。农药从一种环境成分转移到另一种环境成分的途径是：吸附/解吸，挥发，径流，浸出，吸收。

2.3.1　农药在土壤中的吸附/解吸

吸附是控制环境中农药命运的重要理化特性。农药的吸附是由于化学物质与土壤颗粒之间的相互作用而产生的。被土壤吸附的方式是通过其吸附（分配）系数表示的，即吸附态（即与土壤颗粒结合的状态）中农药浓度与溶液相（即溶于水）的农药浓度之比。常用分配系数是密闭系统中平衡状态下一种化学物质在 1-辛醇中的浓度与其在水中的浓度之比。因此，对于给定数量的杀虫剂，KOC 值越小，溶液中农药的浓度越高。KOC 值高表明该化学物质易于被土壤颗粒吸收而不是保留在土壤溶液中（图 2-3）。

$$K_{OC} = \dfrac{\dfrac{\text{吸附浓度}}{\text{溶解浓度}}}{\text{土壤中有机硕}}\quad \%$$

式中：K_{OC}——土壤吸附系数

由于农药主要与土壤有机碳键合，因此除以土壤中有机碳的百分比即可使吸附系数成为农药特有的特性，而与土壤类型无关。小于 500 的吸附系数表明有相当大的潜力因浸出而损失。这个过程取决于几个因素。

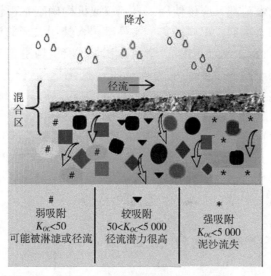

图 2-3   农药径流的分配系数

土壤特征：①土壤质地。富含有机物或黏土的土壤比较粗糙，沙质的土壤更具吸附性，因为它们具有更多的农药结合位点；②土壤水分。潮湿的土壤比干燥的土壤吸收的农药更少，因为水分子与杀虫剂竞争对于土壤中的有机物含量。研究表明，天然有机物（NOM）可提高高疏水性污染物（多氯酚、多环芳烃、六氯苯、某些农药）的表观溶解度或迁移率。另外，发现疏水性较低的污染物的传输不受 NOM、土壤的 pH 值、土壤颗粒分布、温度的影响。

农药的性质：某些农药结合非常紧密，而另一些农药结合力很弱，很容易被吸附或释放回去，这取决于分子结构、电荷、溶解度。吸附的农药量在很大程度上取决于有机物总量的函数（腐殖质）大部分由一系列有机聚合物（长链或分子垫）组成，通常由两个系统组成，一个亲水系统和一个疏水系统。没有带电的或中性的农药（非离子）从土壤溶液中逸出到疏水的内部，因此，在有机物和土壤溶液之间建立了农药平衡。在土壤中，农药在有机物和水之间移动。而且，随着时间的流逝，它们可能会经历老化过程，由此化学物质会更深地渗入有机物质，并变得无法移回土壤溶液。水溶性的农药有残留在土壤有机物表面的趋势，而不溶的农药会进入疏水性内部。对土壤颗粒的吸附也取决于土壤的水分，因为化学运动需要水。水分子将与农药分子竞争在黏土和有机物上的附着位点。在干土中，农药的吸附往往比在湿土中更大。土壤含水量的降低迫使农药与土壤表面发生相互作用。紧密吸附在土壤颗粒中的农药的迁移率降低，并且不太可能污染地下水。Dao 和 Lavy 研究了土壤温度、水分含量和电解质浓度对 4 种土壤阿特拉津吸附的影响。不论土壤类型如何，降低土壤水分含量都会增加农药的吸收。电解质浓度的增加会增加农药的吸收。最后，吸附随着土壤温度的升高而降低。Wauchope 和 Myers 发现，土壤中阿特拉津的吸附与土壤有机质和黏土含量均呈正相关。Nkedi-Kizza 等还研究了土壤粒径分布对农药吸附的影响。得出的结论是，某种农药在 $50\mu m$ 以下的颗粒上的吸附要强于 $50\mu m$ 以上的颗粒。同样，Huang 等发现在直径小于 $20\mu m$ 的土壤颗粒上阿特拉津的吸附作用更强。建立了几种描述农药在平衡和非平衡条件下吸附在土壤上的模型。最常用的平衡吸附模型是 Freundlich 方程。许多研究人员已经描述了这种模型。Bolan 和 Baskaran 使用 10 种来自新西兰的有机质和黏土含量不同的土壤，研究了离子型除草剂（2,4-D）的吸附—解吸行为和降解。通过分布系数（KOC）测得的吸附程度随土壤有机碳含量的增加而增加。2,4-D 的解吸速率遵循一阶反应动力学对表面浓度的影响，并随着土壤有机碳含量的增加而降低。10 种农药及其生物降解中间体在黏土矿物和土壤上的吸附等温线为进行调查以预测环境中农药的命运。吸附等温线用 Freundlich 等温线方程表示。五氯硝基苯、2,4,6-三氯苯基-4'-硝基苯醚和各种中间体在土壤上的吸附量很高，尽管异丙硫烷的吸附量很小。农药在土壤、灰色低地土壤和蒙脱石上的吸附能力均高于在别石和高岭石上的吸附能力。与农药在土壤颗粒上的吸附有关的缺点如下：害虫控制减少，例如，如果将除草剂紧紧地附着在土壤颗粒上，则无法被目标杂草的根部吸收；植物药害，可能是由于农药吸附到土壤颗粒上造成的，当一种农作物使用的农药随后从土壤颗粒中大量释放出来时，足以对敏感的轮作作物产生药害。农药可能随后从土壤颗粒中解吸并成为地表水污染。

2.3.2 农药的挥发

作为固体和液体农药转化为气体的过程，挥发决定了气流在远离处理表面的情况下的移动。农药的亨氏定律常数表示其挥发或变成气体的潜力：该常数的高值表示农药易于挥发并损失到大气中。通过掺入土壤可以减少气体损失。尽管确实发生了与大气的土壤空气交换，但其速度太慢，以至于掺入的农药的挥发损失非常低。挥发的农药可以通过雨水重新沉积，从而到达目标外区域。对于大多数农药，与浸出或表面损失相比，挥发损失很小。农药在大气中流失的主要途径是在有风条件下通过雾气的飘移实现的，这与农药的化学特性相对不相关。挥发速率取决于几个因素，其中一些与影响农药在空气中的迁移的因素相似：温度（高温增加挥发度），湿度（低湿度有利于挥发），空气流动（有利于挥发），土壤特性（质地，农药紧紧吸附在土壤颗粒上不易挥发），有机物含量，水分，杀虫剂性能，蒸气压，汽化热，大气与其他相之间的分配系数，溶解性。

2.3.3 径流

径流决定了水在倾斜表面上的运动，这发生在水的施用比土壤渗透快的时候。来自农业地区的地表径流携带的农药占农药向地表水体的负荷量的很大一部分。农药在地表径流中的运输取决于化合物在水中的存在形式以及系统的水动力。农药分子可以以溶解相存在，也可以与颗粒或胶体结合。在溶解阶段，农药的运输将主要由水流控制。在相关的阶段，运输将由颗粒胶体的运动控制。处于缔合阶段的农药可能会经历各种运输过程，具体取决于与之缔合的基质的类型。与溶解的有机物或胶体有关的农药的运输也很重要。主要由水流控制，类似于溶解的农药。与颗粒（砂土）或非常细的颗粒凝结相关的农药往往会沉淀在湖泊和水库中以及河流的低能级区域中，例如死水和大物体后面。由于疏水性有机农药倾向于与天然有机物缔合，因此倾向与天然有机物含量较高（超过1%）的床沉积物中积累。这些沉积物沉积区可以用作农药的长期或短期汇流区，直到沉积物通过系统的水动力分布为止。因此，农药的径流取决于：区域的坡度、土壤质地、水分和侵蚀性、降水和灌溉的数量和时间、作物残渣上存在的植被、农药的理化特性。由于农药径流会导致地下水污染，如果在下游使用受污染的水，会对农作物、牲畜或人类造成伤害。

为了减少农药径流，可以采用不同的做法，包括监控天气状况，谨慎使用灌溉水，使用喷雾混合添加剂提高农药在叶子上的滞留量，这也有助于将农药更好地掺入土壤中。涉及地表径流、泥沙输送和溶解污染物输送的物理过程和空间变异性非常复杂，很难从基本的质量守恒的角度进行表征。因此，可用的模型都使用不同程度的经验方程式来表示物理过程。物理过程基于水文循环。在不同的径流模型中不同程度结合的重要机制包括降水、蒸散、陆上流量和地下水补给/排放。一些模型还评估了溶解污染物的传输。根据农药的目的和公式，可将用于农药污染分析的模型通常可分为三类：简单的污染物产量模型，经验负荷函数和农药迁移模拟模型。

2.3.4 淋溶

淋溶是农药通过土壤而不是通过表面的运动。由于农药可能会到达地下水位并污染地下水，因此通过土壤淋溶是一种环境问题。但是，农药是否会到达地下水不仅取决于它在土壤中的移动，还取决于它从土壤中的降解速度。例如，如果降解速度与淋溶速度相比足够快，则该化学物质在到达地下水之前将消失，因此不会引起环境问题。土壤淋溶速率很重要，因为农药的淋溶速率表明农药在表层土中消散的时间维持了多久。两种现象与淋溶有关，优先流动使农药分子能够在整个土壤剖面中快速移动，分子将被土壤颗粒保留或被微生物降解。优先流动的特征是水迅速流过虫洞，根部通道，裂缝和土壤中的大结构空隙；基质流动导致水和化学物质通过土壤结构的迁移变慢，农药与水一起缓慢进入土壤的小孔，并有更多时间与土壤颗粒接触。影响淋溶的因素主要包括：农药的理化特性，牢固吸附在土壤颗粒上的农药不太可能淋溶进入地下水系统中，；农药的溶解度，易溶于水的农药可以在土壤中更好地迁移；农药的降解速率，快速降解的农药很少发生淋溶现象，因为它可能仅在土壤中保留很短时间；环境土壤特征，吸附能力（质地，有机质含量）；土壤的渗透性，土壤渗透性越高，农药淋溶性越大。农药的施用方法和施用率，农药可以从施药设备和施药区域穿过土壤表层到达地下水。农药在土壤中的淋溶性是一个复杂的体系，与土壤的吸附性，土壤孔径大小，水的渗透及挥发等环境因素密切相关。一些结果表明，延迟的颗粒内扩散模型可以预测长期解吸实验中的解吸速率，且其扩散速率常数是独立的。同样，Kleineidam 等人也没有发现磁滞现象的证据。考虑到先前报道的许多磁滞现象是由于非平衡效应和基于非物理模型的实验伪像。

决定杀虫剂是否会浸出的最重要因素是其降解（持久性）能力，吸附特性以及一旦被吸附后迅速释放到土壤溶液中的偏好。与残留在土壤中的农药相比，被土壤弱吸收和抗降解的农药更容易被淋溶到地下水中。与 Koc 较大值的农药相比，Koc 值较低的农药更容易被淋滤。农药可通过两种不同的途径通过土壤剖面淋溶，水进入土壤基质和大孔。土壤基质和大孔都可以将农药从土壤表面转移到更深的土壤层。但是，农药流过土壤剖面的过程受到优先流的强烈影响。

2.3.5　吸收

吸收是农药向植物和动物的迁移。农药的吸收取决于：环境条件，农药的理化性质，土壤的理化性质。影响最重要的因素是植物的种类、生长阶段和预期用途。土壤特性（如 pH 值，温度，黏土含量，水分含量，尤其是有机质含量）也会影响植物对农药的吸收。此外，农药的种类，农药的配方，施用方法和作用方式也会影响吸收。

2.4　农药降解

2.4.1　影响农药降解因素

农药转化或降解是大多数农药施用后损失的主要过程。农药降解是指农药在环境中的分解。农药易受光化学、化学和微生物的分解。农药的降解或分解应将环境中的大多数农药残留变为无害的无毒化合物。大多数物质在被释放到环境中之前已通过物理、化学和生物处理降解或解毒。尽管生物处理是某些有机化合物的去除过程，但其降解产物也可能很危险。而且，一些不可降解的化合物与处理过的化合物一起排放到环境中会引起环境问题，因为它们通常通过生物蓄积等多种途径返回人类。

表 2-4　影响有机化合物降解能力的物理、化学和结构特性

特性	降解性	
	降解率高	降解率低
水溶性	溶于水	不溶
大小	相对较小	相对较大
官能团替换	官能团较少	官能团多
化合物氧化	还原环境	氧化环境
化合物还原	氧化环境	还原环境

（续表）

特性	降解性	
	降解率高	降解率低
生产方式	生物合成	人工化学合成
脂肪族	高分子量烷烃（大于 10 个碳原子）连接 1~2 个多环芳烃	高分子量烷烃支链多环芳烃
芳香环取代基	—OH，—COOH，—CHO，—CO—OCH₃，—CH₃	—F，—Cl，—NO₂，—CF₃，—SO₃H，—NH₂
有机分子取代基	醇，醛，酸，酯，酰胺，氨基酸	烷烃，烯烃，醚，酮，双羧酸，腈，胺，氯烷烃
取代位点	对位，邻位或对位二取代酚	间位或邻位，间二取代苯酚

　　有研究人员研究了各种土壤参数影响农药降解的行为（表 2-4），土壤 pH 值对农药降解影响显著，如有研究人员发现当土壤 pH 值高于 6.5 时，阿特拉津和 2,4-D 在土壤中的降解速率较低；而当土壤 pH 值低于 5.0 时，降解速率较高。另外，发现降解速率与耕作类型和残留的农作物残渣无关。土壤温度影响微生物的成活率和死亡率，影响农药降解的速率。这种关系用阿列尼厄斯方程表示，认为降解率总是随着温度的升高而增加。据报道，土壤水分和温度对呋喃丹和 2,4-D 的降解有影响。两项研究均显示在 27~35℃ 的土壤温度范围内降解峰值。此外，Ou 等人发现，土壤温度从 15℃ 升高到 27℃ 比从 27℃ 升高到 35℃ 对呋喃的降解影响更大。他们还发现了均质数据集的降解率与土壤温度和水分含量的乘积之间的相关性。用于描述分组数据。在 20~35℃ 的土壤温度，土壤水分张力的增加会降低 2,4-D 的分解速率。与 Arrhenius 方程得出的增长率相比，增长率有所降低。当在控制害虫之前销毁农药时，降解是不利的因素。农药主要通过微生物降解、化学降解、光降解等途径发生降解。

2.4.2　微生物降解

　　微生物降解（生物降解）是农药微生物代谢的结果，通常是土壤中农药降解的主要来源。当土壤中的真菌、细菌和其他微生物使用农药作为碳和能量的来源，或者与其他食物或能源一起消耗农药时，会发生这种情况。研究人员估计，1g 肥沃的土壤中可能存在 5 000~7 000 种不同的细菌。1g 土壤中的细菌种群通常可以超过 1 亿，而真菌菌落的种群可以超过 1 万。与非生物选择相比，微生物的多功能性提供了一种更简单、便宜且对环境更友好的策略来减少环境污染。这种以酶为催化剂的生物转化通常会对污染物或潜在污染物的结构和毒理学性质带来广泛的改变。土壤中的有机物含量、水分、温度、曝气和 pH 值都会影响微生物降解。在温暖、潮湿、pH 值为中性的土壤中微生物活性很高。农药的微生物降解早已被人们认识。对农药适应的确切机制尚未完全了解。微生物可以获取遗传物质来编码处理潜在基质所需的生化机制。最近的研究表明，微生物群落经常参与降解现象。土壤溶液中的农药必须移至这些微生物菌落，并穿过微生物细胞膜进入细胞进行代谢。一些微生物会产生酶，这些酶会从细胞中输出到运输不充分的易消化的农药上。一旦进入生物体内，农药便可以通过内部酶系统代谢。

取决于特定的化学物质，由于酶的存在，生物降解可能非常快。对于其他化合物，此过程可能会非常缓慢。微生物降解或修饰化合物的能力取决于产生必需酶的能力和发生反应的理想环境条件。另外，必须有足够的生物量以及污染物和酶（细胞内或细胞外）之间的通信。有机化合物的降解可分为三类（图 2-4）。生物降解立即开始，并且这些化合物很容易用作能量和生长的来源（立即降解）；生物降解开始缓慢，需要一段时间的适应性才可以。该化合物具有持久性，且生物降解速度较慢，不会发生。实际上众所周知，速率系数是温度、pH 值和可用营养素的函数。二阶动力学描述了降解速率与化合物浓度和细菌种群大小的关系，细菌降解的程度随着化合物的降解而变化。各种有机化合物都可能发生生物降解。生物降解速率取决于一组重要因素，例如：土壤条件（温度、空气、pH 值、有机物含量），农药施用频率（在不同类别、类别或级别之间交替）。农药制剂可以最大程度地降低潜在的微生物降解问题以及抗虫性。

2.4.3 化学降解

化学降解或非生物降解是通过不同的反应发生的（包括水解、氧化还原和电离，通常通过酸或碱的存在而发生），因此与 pH 值有关。通常，在水解反应中通过用羟基取代化合物的一些化学基团来改变化合物。水解反应通常由氢或氢氧根离子的存在来催化，因此反应速率强烈取决于体系的 pH 值。水解反应会改变反应化合物的结构，并可能改变其性质。根据具体的反应，新化合物的毒性通常比原始化合物低。新近列出的几个容易发生水解反应的官能团包括酰胺、氨基甲酸酯、羧酸酯、环氧化物、内酯、磷酸酯和磺酸。但对于大部分化合物的功能性关能团而言不会发生水解。

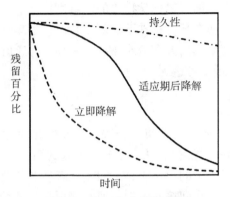

图 2-4　有机化合物的降解

2.4.4　氧化还原

　　氧化还原（Redox）反应涉及电子从还原物种向氧化物种的转移。氧化还原电势是一个重要的指标，因为它可以控制溶液中存在的金属的氧化数并控制氧化态和结构，氧化还原条件强烈影响电子受体的微生物活性，进而影响化学物质的生物转化或生物降解。甲烷氧化菌对卤代溶剂的氧化、硝酸盐的生物转化、卤代化合物的还原性脱卤化、卤素的顺序好氧/厌氧转化氧化还原反应在模型中以质量作用方程式的形式使用，所产生的平衡常数与稳定性有关。许多氧化还原反应非常缓慢，某些物质的浓度可能与通过热力学平衡预测的浓度相差甚远。此外，一些氧化还原反应还被金属离子催化，其中一些氧化还原反应很重要的化合物包括汞、毒杀芬和滴滴涕。还原反应的速率取决于 pH 值和还原电位的大小。例如，在强烈还原的环境中，有机磷杀虫剂（OP）对硫磷的还原半衰期约为数分钟。

2.4.5　电离

　　水体中氢离子的浓度会强烈影响酸或碱等有毒有机物的状态。同样，可以从化学物质与环境的水或土壤/沉积物成分之间的酸碱相互作用确定在气体、固体和溶液之间分配的有机化学物质。由于许多有毒有机物似乎浓度很低，充其量只能是弱酸或弱碱，因此它们对水的 pH 值几乎没有影响。但是，水中氢离子的浓度将决定酸或碱是否以中性或离子形式存在。被广泛离子化的有机酸或碱在溶解度、吸附、生物浓度和毒性特性方面可能与相应的中性分子明显不同。例如，有机酸的离子化种类通常被沉积物吸收的程度比中性形式小得多。离子形式的有机化学物质的溶解度可能会大于中性物质的溶解度。因此，当化学物质在环境条件下被离子化时，物理性质的变化以及化学反应性将随 pH 值而变化。大多数水生生态系统中 pH 值在 4~9，极少数情况 pH 值可达到 2，最高可达到 11。

2.4.6　光降解

　　光降解是光（日光）对农药的分解，可发生在树叶、土壤表面和空气中。发生光化学降解（光解），从而以光子形式的辐射能破坏分子的化学键。直接光解涉及分子对光子的直接吸收。间接光解涉及使分子从吸收了光子的另一个分子吸收能量。在间接光解中，通常将两个步骤结合在一起，并且光化学反应的特征在于一级动力学。反应速率取决于打破化学键所需的能量，可用的光强度以及使间接光解成为可能的中间化合物的存在。由于环境中光强度很难用某些特定的参数进行表征，从而导致在野外条件下使用实验室光解速率模型带来的不确定性。Mill 和 Mabey 描述了影响多种化合物的光解反应类型，包括氯代芳香族化合物，酮和醛。所有农药在某种程度上都易于光降解。影响农药光降解的因素有：日照强度、暴露时间、场所特性、施用方法、农药特性。施用到树叶或土壤表面的农药比掺入土壤的农药更容易发生光降解。因此，农药在土壤中的消失和命运取决于许多因素。这些可以归纳如下：土壤类型，包括组成（黏土、淤泥、沙子），结构（密度、表面积）和预先处理（化学和农业）；化学类型，包括物理性质，例如溶解度、蒸气压、稳定性、对光的敏感性等，以及化学性质（如影响有机和无机化合物吸附和吸收的化学性质）；气候条件，包括降水、温度、阳光、湿度等；生物种群：类型、营养需求等；应用方法，包括颗粒、溶液、悬浮液、粉末，在有机溶剂中，可湿性粉剂等。

2.5　生物修复

2.5.1　有关修复的一般方面

　　微生物在环境中转化或降解农药的修复方法正变得越来越有吸引力。随着生物技术的发展，生物修复已成为环境修复领域发展最快的领域之一，利用微生物来降低其浓度。各种化学污染物的毒性，例如石油烃、多环芳烃、多氯联苯、邻苯二甲酸酯、硝基芳族化合物、工业溶剂、农药和金属。当前，生物修复是对农药污染的环境进行去污染和解毒的最环保、成本效益最高的方法之一。然而，生物修复是一个快速发展的领域，新的基于生物的修复技术正在不断涌现。生物修复的过程通过向这些微生物补充营养素，碳源或电子供体来提高污染物的自然微生物降解速度。这可以通过使用土著微生物或通过添加具有特定特征的微生物的富集培养物来完成，这些特征可以使它们以更快的速度降解所需的污染物。

使用微生物进行生物修复或生物降解是将目标化合物部分或完全转化为其元素。理想情况下，生物修复可能导致有害化学物质的完全消失，通常是由微生物介导的，但许多大型生物还可以对以下化合物进行生物降解：异生物质化合物，即人类在其活动过程中制造或使用的化合物，从而将其作为异物引入到环境中。天然存在的化合物（如木质素或纤维素）通常在这种情况下是耐分解的化合物。此外，还使用其他术语（如生物转化、部分生物降解和完全生物降解）来表达该过程，如区分化合物完全分解为其元素形式（完全生物降解）和部分生物降解为较不复杂分子的中间阶段。生物转化还用于表示化合物变为另一种合理稳定的分子的变化，通常是一种有用的分子，或者是一种比原始分子小的分子，在某些情况下还可能是比原始分子更毒的分子。涉及生物修复的生物包括细菌、真菌、放线菌、原生动物等。

2.5.2 农药的生物降解

环境微生物是自然生态系统当中的主要分解者，环境中残留的农药易受环境微生物的影响，对农药的降解起到主要作用，一些农药容易被微生物降解，但也有一部分农药属于不易被生物降解的有机化合物。利用环境微生物降解环境中农药残留是去除农药污染最有效的手段之一，降解效果显著。

微生物降解农药是指在适宜的环境条件下，环境微生物以环境中残留的农药为营养物质（比如碳源、氮源等），将农药分子降解成为小分子有机或者无机化合物，被微生物利用，从而实现农药的生物降解过程。相对于物理和化学处理法，微生物降解农药的速率一般较慢，且常常需要添加外源化合物形成共代谢的降解过程，然而微生物降解方法具有很多优点：①微生物普遍存在于地球生态系统的各个角落，分布广泛且种类繁多，可利用环境中存在的微生物进行土壤和水体农药原位修复，减少对土壤和水体的处理步骤，操作简便且不破坏生态环境；②降解农药的微生物来自于自然环境，可降低环境修复成本；③农药作为微生物的生长营养物质，在修复过程中可被微生物利用，从而降低有机农药的环境毒性，同时微生物降解生成的降解产物无毒或者毒性低，减少环境二次污染；④微生物适应性和突变性强，对于所有农药污染物均可突变形成相应的降解微生物，降解谱广。使用微生物方法降解农药的研究起始时间较早，最早开始于20世纪40年代，之后逐渐发展成为对各种农药降解微生物的驯化、筛选分离及农药降解机制研究。到目前为止，已报道具有农药降解特性的微生物主要有细菌、真菌、放线菌、藻类等，降解的农药种类包括已禁用及正在使用的大部分有机氯、拟除虫菊酯等。手性农药在环境中的残留会产生严重的环境污染，对生命活动带来一定的负面影响，也对维持生态平衡和人类健康产生威胁。手性农药被人类使用而进入生态环境之后，除去农药本身随着环境条件的改变而发生一些物理或者化学性质的变化之外，最重要的过程即被环境当中的植物、动物及微生物等进行生物降解，其中微生物降解是最主要的途径之一。研究人员将氟虫腈的两种对映体分别加入灭菌和非灭菌的稻田土壤中，培养21~34d后，在对照灭菌土壤中检测出氟虫腈的含量并没有变化，而在非灭菌的土壤中，无论土壤是在有氧或厌氧条件下，都发现农药发生降解，也就是说明氟虫腈主要依靠土壤中好氧或者兼性厌氧微生物进行降解。同样，其他典型的手性农药，如有机氯、酰胺类、三唑类农药等，都有相关研究报道。Dong等研究了三唑类杀菌剂苯醚甲环唑在土壤中的降解性，在有氧和厌氧条件下，（2R，4R）和（2R，4S）两个对映体在土壤中发生优先降解，造成毒性较高的对映体在环境中残留的风险。

化学结构和物理/化学性质对生物降解的速率和途径有相当大的影响。化学结构决定了底物可能经历的可能途径，通常将其分类为氧化、还原、水解或结合。表2-5提供了一些常见的微生物降解途径的例子，其中一些因素是生物、物理和化学问题的复杂相互作用。例如，化合物的生物利用度将取决于这些相互作用的类型。为了评估生物修复项目成功的可能性，许多相同的因素应在规划和测试或演示阶段中加以解决。

表2-5 常见的微生物降解途径

反应类型（并非所有步骤都有）	化学反应实例——以反应为对象
β氧化	脂肪酸和直链烃（链氧化后生成羧酸）
甲基氧化	芳香族和脂肪基
环氧化物形成	烯烃
羟基化和酮生成	芳香形成苯酚 然后将碳氢化合物转化为醇，然后转化为酮
硝基氧化	芳香胺到硝基芳香化合物

（续表）

反应类型（并非所有步骤都有）	化学反应实例——以反应为对象
硝基还原	硝基芳香胺（例如对硫磷）在厌氧条件下反应迅速
腈/酰胺代谢	溴苯甲腈，二苯甲腈
硫氧化	硫化物如涕灭威
硫代磷酸酯氧化	硫代磷酸农药
脱卤	芳香族和脂肪族卤素
水解	磷酸盐和羧酸酯

2.5.3　农药的化学特性

　　农药的化学特性将决定其在环境中的迁移分布行为以及在环境中进行生物修复的可能性。影响农药降解的主要特征包含以下几个重要的因素：溶解度、吸附量、半衰期、挥发性、生物利用度等。虽然农药被证明是可生物降解的，但有时无法对其进行生物降解。环境因素（物理、化学和生物因素）可能会影响微生物的生物活性（生长速率、生物降解的动力学等），化合物对环境中材料的吸附，毒性，生物利用度以及所观察到的化合物的难降解性，测试中可生物降解的特定农药没有被生物降解，可能有很多原因：土壤中缺少必需的营养素，当土壤中存在特殊化合物（如农药）时，不存在大量降解这些化合物的微生物。通常通过生物强化，特定微生物的培养，以及土壤或生物反应器的接种来修复这些土壤。对于 DDT、林丹和七氯等农药而言，厌氧降解比有氧降解效果更好。环境条件不合适会抑制环境中农药的降解或代谢：高或低 pH 值，高或低 Eh（氧化还原电位），高温等。在一些泥炭沼泽中，有机材料可能存在超过 2 万年的历史就是一个很好的例子。

　　化合物可能无法生物利用。生物利用度可能受到以下因素的影响：吸附到环境中的某些固体物质上，在非水相液体（NAPL）中的存在，在物理土壤或含水层中的封闭或截留，络合作用。农药具有疏水性，因此易于与悬浮颗粒物结合并积聚在沉积物中。在这些条件下，农药变得难以降解。而且，这些化合物的疏水特性使它们在水生生物中积累，比周围的水更具疏水性。由于与颗粒的紧密结合，摄入的与颗粒相关的污染物可能无法被生物利用。在沉积物中，通常有 16%～50% 的污染物是可生物利用的，即可被吸收并结合到活组织中。这取决于化合物、沉积物以及生物群的特性。

2.5.4 农药降解的生物修复过程

已经开发出许多生物修复策略来处理受污染的废物和被杀虫剂污染的场所。可以通过考虑以下三个基本原则来指导选择最合适的策略来治疗特定部位：污染物对生物转化为毒性较小的产品的适应性（生物化学），污染物对微生物的可及性（生物利用度）和生物活性的优化。生物修复活动的可能类型分为两大类：原位生物修复和非原位生物修复，非原位生物修复也被称为异位生物修复。原位生物修复发生在土壤、地下水或其他环境中，而不会带走被污染的物质。相反，非原位生物修复需要去除全部或部分受污染的材料进行处理。

2.5.4.1 原位生物修复

由于降低成本和减少干扰，这些技术通常是最理想的选择，因为它们提供了就位处理方法，避免了污染物的挖掘和运输。原位处理受到可以有效处理的土壤深度的限制。在许多土壤中，达到理想的生物修复速度的有效氧扩散范围仅进入土壤几厘米至30cm左右，尽管在某些情况下深度已经达到60cm或更大。最重要的土地处理方法是：原位生物降解：涉及将氧气输送至蓄水层，可能需要添加其他营养素和/或通过代谢区循环的共代谢物，以在氧气、养分、污染物和微生物之间提供混合和紧密接触。通常，该技术包括诸如含水营养物和氧气或其他电子受体的渗入等条件，以用于地下水处理：①竞争很少，无法发展并维持有用的微生物水平；②大多数长期暴露于可生物降解废物的土壤具有土著微生物，如果土地处理单位能够有效降解生物，通气是一种生物降解方法，其中空气形式的氧气通过抽气井和注入井系统输送到受污染的不饱和土壤中。它是最常见的原位处理方法，通过井将空气和养分供应到受污染的土壤中，以刺激本地细菌。生物通风采用低空气流速，仅提供生物降解所需的氧气量，同时最大限度地减少挥发和污染物向大气的释放。它可用于表面下深处的污染，也是长期的清洁方案，可持续数月至数年。生物喷射：涉及在地下水位下方压力下注入空气以增加地下水中的氧气浓度，并提高生物率天然细菌对污染物的降解。生物喷射增加了饱和区的混合，从而增加了土壤与地下水之间的接触。安装小直径空气注入点的简便性和低成本使系统的设计和构造具有相当大的灵活性。原位工程的主要好处是，与原位方法相比，它所涉及的表面干扰较小，从而减少了人体暴露于污染物的可能性。原位方法也需要最少的设施。然而，原位提取过程的有效性可能会受到深度不同的土壤异质性、淤泥和黏土的存在以及非饱和带内流动条件的不确定性的限制。此外，通过提取从土壤和地下水中去除的污染物可能仍需要处理。使用化学处理技术进行原位处理通常会产生有害的副产物，留下残留物，并且比目标污染物更具毒性或危害性。

2.5.4.2　异位生物修复

这些技术涉及从地面挖掘或清除受污染的土壤。土地耕作是一种简单的技术，其中将污染的土壤挖出并散布在准备好的床层上，并定期耕种直至污染物降解。目的是刺激本地生物降解微生物并促进其有氧降解污染物。通常，这种做法仅限于处理 10~35cm 的表层土壤。由于土地耕种有可能减少监测和维护成本以及清洁的可能性，因此作为替代性处置方法受到了广泛的关注。淤浆相生物处理通常由一系列大罐或生物反应器组成，将水、营养素和其他添加剂与挖掘出的土壤或淤泥混合，制成水性浆料。在生物反应器的容器中，要用营养、氧气和 pH 值对生物降解过程进行仔细控制。堆肥是一种将受污染的土壤与无害有机改良剂（如肥料或农业废料）结合在一起的技术。这些有机物质的存在支持了丰富的微生物种群的发展和堆肥的高温特性。堆肥可以使用堆肥、充气的静态堆或专门设计的堆肥容器进行。所包含的系统通常可通过提供对堆肥条件的更好控制来完成比堆肥或充气堆更短的处理时间。快速的处理时间被堆肥反应器的高昂初始成本所抵消。生物堆是土地耕种和堆肥的混合体。它旨在提供最佳的温度、水分含量、通气和营养条件，以促进生物快速降解。在大多数情况下，降解是通过土著微生物实现的。本质上，工程细胞被构造成充气堆肥堆。它们通常用于处理石油烃的表面污染，是陆地农业的改良版，旨在通过浸出和挥发来控制污染物的物理损失。生物反应器是非原位生化处理系统，设计用于降解抽运的地下水或废水中的污染物，使用微生物。反应器中的生物修复涉及通过工程围堵系统处理受污染的固体物质（土壤、沉积物、污泥）或水。生物反应器处理可以使用悬浮在流体中或附着在固体生长支持介质上的微生物来进行。在悬浮生长系统（如流化床或分批反应器）中，被污染的地下水在曝气池中循环，在该池中微生物种群需氧降解有机物并产生二氧化碳、水和生物质。将生物质沉淀在澄清池中，然后循环回曝气池或处置污泥。在附着的生长系统中，例如上流固定膜生物反应器，旋转式生物接触器（RBC）和滴滤滤池，微生物在固相生长支持基质上作为生物膜生长，并且水污染物扩散到生物膜中时被降解。支撑介质包括具有较大表面积的细菌附着固体。载体基质可以是吸附性介质，例如活化碳，它可以吸附污染物并缓慢地将其释放到微生物中以降解塑料陶瓷填料甚至沙子和砾石。微生物种群可能来自反应器中的自然选择，来自受污染介质的富集或具有特定污染物降解潜能的生物体接种物。通常，在生物反应器系统中，生物降解的速率和程度要比在原位或固相系统中更高，因为所包含的环境更易于管理，因此更可控和可预测。尽管有反应堆系统的优点，但仍有一些缺点。受污染的土壤需要进行预处理（例如，挖掘），或者可以通过在放置前通过土壤洗涤或物理提取（如真空萃取）从土壤中去除污染物。

2.5.4.3　技术选择

生物降解的生物修复可能是特定技术中发生的主要修复类型，也可能是另一种技术的后果或该技术的组成部分。评估修复技术需要考虑的一些要素如下：适用性（目标污染物）、可达到的最低浓度、所需的清理时间、可靠性和稳定性、净化后的土壤的质量、产生的残渣（副产品需要进行后处理）、所需的现场数据是否易得、成本高低、公众接受度、安全性、发展状况、环境影响、性能对场地特性的依赖性。

2.5.4.4　增强自然生物修复

自然衰减也称为内在生物修复，它描述了作用于自然环境中的污染物以降低污染物浓度的过程，这些过程可能包括溶出、挥发、生物降解、吸附和化学反应。尽管本质上不是一种技术，但自然衰减已被用于污染物迁移可能性低或其他补救措施不可行的站点。此类别包括被动技术，取决于系统中微生物或其他生物代谢、去除、减少或灭活污染物的能力。根据定义，它是"原位"的。内在生物修复或增强的自然衰减是许多场所的有吸引力的替代方法。现场的正常微生物无须添加、修饰或干扰即可降解有毒化合物。自然衰减是或应该是所有补救解决方案的组成部分。很少有补救技术可以达到最终针对特定地点的补救目标，例如自然衰减。因此，重要的是要了解生物化学反应的基础知识、物理衰减机理、该技术的调控基础、应如何自然衰减、其优缺点和评价过程。在自然过程中，无须人为干预。天然过程包括物理/化学机制，例如污染物的稀释、分散和吸附。生物过程，如植物和微生物群落的无助生长也会破坏污染物，自然降解的主要好处是：对场地的干扰最小，也就是说，该场地只能由自然过程进行补救，由于不涉及人工干预，因此运营成本低至不存在。与自然衰减相关的成本通常与监控相关，以确保自然衰减的主要限制是它比任何其他补救措施都慢。此外，可能不存在最合适的植物和微生物，或自然环境条件可能不足以促进污染物的自然修复，因此，受污染场地的健康风险可能存在一段时间，从社会或商业角度来看这是不可接受的。

2.5.4.5　工程生物修复

另一种类型是工程生物修复，其中操作员在促进或执行生物修复过程中发挥积极作用。这可以是原位或异位的。某些最初设计为通过化学或物理手段进行修复的工艺现在至少部分涉及生物修复工艺。其中典型的是生物排放，空气通过土壤或地下水来挥发污染物。现在人们认为，通过该过程可以增强被处理空间中的微生物活性。许多生物修复实例都使用内在生物修复或某些机制来修饰或增强这些天然存在的微生物的活性。一定数量的系统混合是首选。

2.6　农药环境行为研究展望

农药中某些种类被归为持久性有机污染物（POPs），在环境中极其稳定，半衰期长，在生物体和食物链中生物蓄积，对人和动物有毒并具有慢性影响（如生殖、免疫和内分泌系统破坏）。农药广泛用于提高农业生产率，但应更加注意其对环境和人类健康的潜在不利影响。一旦将农药引入环境，无论是通过施用、处置还是泄漏，都可能受到许多农药的影响。这些过程通过影响农药在环境中的持久性和移动性来决定农药的最终归趋。场地特征、环境条件、作物管理系统和化学处理方法都会影响每个过程。对农药去向的了解不仅有助于确保应用有效，而且对环境安全。安全过程对农药有效性或其对环境的影响既有正面影响也有负面影响。生物修复提供了一种清洁技术通过增强自然界中相同的生物降解过程来改善污染。生物修复是一种替代方法，它提供了利用自然生物活性破坏或使各种农药变得无害的可能性。生物修复过程的控制和优化是一个非常复杂的系统。这些因素包括：能够降解污染物的微生物联合体的存在；微生物种群中污染物的可用性；环境因素（土壤类型、温度、pH 值、氧气或其他电子受体的存在以及养分）。生物修复可以在原地（在污染现场）或在异地（污染物从现场移走）进行，假设场地表征过程显示出生物修复作为一种处理方案的潜在有利结果，则实施生物修复活动的过程应如下：根据水文和污染物现场条件表征微生物过程；清除任何总污染（例如，泄漏的储罐或其他污染物源）和任何单独的不混溶相（例如，地下水）；可行性研究，包括吸附研究；系统设计和操作；监测系统性能。因此，它使用成本相对较低，技术含量较低的技术，这些技术通常具有较高的公众接受度，通常可以在现场进行。

第3章 农产品加工过程对农药残留的影响

当前，食品安全问题已成为人们关注的焦点。商务部的统计数据显示，2008年有95.8%的城市消费者和94.5%的农村消费者关注农产品质量安全，比2006年分别上升了13.2个和36.4个百分点。农药等农用化学品的广泛使用，虽然促使农作物的产量大幅度提升，为人口增长对农产品数量的要求作出了突出的贡献，但是，也给农产品带来了农药残留超标、质量下降等问题，农药残留给食品安全带来了极大的挑战。另外，目前有关农药残留的监测监管工作都是以初级农产品为对象开展的，如市场监管、进出口认证、绿色食品审查以及食品安全风险评估等，但是，也应该考虑到农药残留分析在加工过程中的残留动态变化，如浓缩效应、代谢转化等。食品加工技术包含着一系列方法和技术，用于将原料转化为食品或将食品转化为其他形式供人类或动物在家中或食品加工业消费。研究人员对食品加工对农药残留的影响进行了广泛的评价。影响典型过程中残留物稳定性的主要因素是温度、pH值、水含量和残留物的化学性质。Timme和Walz-Tylla研究发现，水解最有可能在大多数加工操作中影响残留物的性质，因为加热等过程通常会使底物中存在的酶失活，从而使水解作为降解机制。

3.1 农产品加工过程农药残留研究现状

大多数农药残留分析都是针对初级农产品的，检测的目的也多种多样，包括市场监管、进出口认证、风险评估、田间应用试验、有机食品认证以及向消费者进行销售。待测物的阳性检出水平是以最大残留限量来评估的，最大残留限量的制定是通过根据《良好农业规范》（GAP）开展针对每种农药的最大残留量实验所制定的。MRL是强制正确使用农药的一个有用且可靠的方法，并且可以满足上述大部分检测目的的检测要求，可起到监管不同植物源性食品农药残留量的目的。但是健康风险评估研究证实利用MRL去评估农产品原材料中的农药残留对人体健康的风险并不够准确，这主要是因为大部分的农产品在人们食用之前都会进行加工。

在进一步管理产品之前，存储和采收后的其他操作以及家庭和工业食品的制备过程可能会通过化学和生化反应（水解、氧化、微生物降解等）和物理化学作用（挥发、吸收等）改变农药残留水平。尽管这些过程通常会减少作物上的农药残留，但在一些特殊情况下，残留物可能会浓缩到终产品中（例如，生产干果和未精制的植物油中）或者转变为毒性更强的代谢产物。这些可能性均表明，在膳食暴露评估时应考虑到农产品收获后的一些处理以及食品加工过程对农药残留行为的影响，以确保消费者免受农药残留的危害。

所谓加工农产品是指初级农产品经过一定的加工方式后制成的产品，包括磨细的谷物、油料种子的油、干果、果汁、干茶等。农产品加工的目的是改变食品的品质特性，如营养集中、可口卫生、易于贮藏等。由于受到加工条件的影响，加工过程对农产品中农药残留的含量和性质也会产生影响。常见加工过程包括清洗、去皮、榨汁、发酵、杀菌等（表3-1）。加工过程大多可以减少农产品中农药残留水平，如清洗、去皮、榨汁等；但某些加工过程也可能造成农药残留水平提高，如干燥或晾晒等使食品中水分减少，从而使农药的残留水平增加。

表3-1 食品加工中使用的代表性单元操作

加工方式	操作条件
清洗	常温水清洗
	热水清洗
	化学溶液清洗
去皮	酶促剥离
	化学剥离
	机械剥皮
粉碎	低温/超低温粉碎
	常温粉碎
榨汁提取	机械压力机
	酶解澄清
油炸	高温干燥
	低温干燥
浓缩	加热和浓缩
	低温真空浓缩

（续表）

加工方式	操作条件
榨油	反渗透浓度
	物理挤压
	溶剂萃取
灭菌	巴氏杀菌
	超高温瞬时灭菌
	微波杀菌
	臭氧杀菌
	辐照灭菌
干燥	加热干燥
	微波干燥
	冷冻干燥
	自然干燥
研磨	脱壳
	抛光
	磨
烘焙	明火烧烤
	微波炉烘烤
发酵	酒精发酵
	乳酸发酵
	醋酸发酵

　　另外，在食品加工过程中，由于受温度和微生物等的影响，某些农药会转化生成比其自身毒性更大的代谢物，从而造成食品安全隐患，如蒸煮过程中有部分代森锰锌转化为乙撑硫脲（ETU）、丁硫克百威可以转化为 3-羟基克百威、毒死蜱转化为 3,5,6-三氯-2-羟基吡啶。因此，在加工过程中必须考虑农药本身的性质，如挥发性、水解、氧化特性以及代谢和酶解特性。另外，农产品性质对农药残留的变化也有重要影响。

　　苹果是世界上主要的水果之一，中国是最大的生产国。根据欧盟的农药行动网络，2016 年有 16 种苹果样本需要分析 157 种农药。2016 年，614 个苹果样本（36.5%）未发现可量化的农药残留，而 1 066 个样本（63.5%）含有一种或多种量化浓度的农药。702 份样本中报告了多个残留物（41.8%）；在单个苹果样品中报告了多达10种不同的农药（图3-1）。2016年记录的总体量化率略低于2013年（2013年样品中含有农药残留量的67%）。

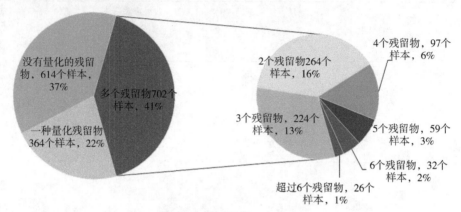

图3-1　苹果样品中的农药残留定量数量（EFSA，2018）

　　在农产品监测中，消费者过分关注初级农产品中农药残留所带来的安全风险，忽视加工过程对农药残留的去除作用，很可能会高估人群的膳食暴露水平。很多农产品如谷物、蔬菜和水果，经过一些简单加工处理后才被人食用，如脱壳、水洗、去皮等。考虑加工操作对农药残留的去除因素后，农药残留的风险大大降低，安全性增强。FAO/WHO认为在考虑食品中的农药残留问题时应该考虑一个加工因子（Processing Factor：PF），因为不少农产品在进食前都通过一个加工过程。特别是当农产品或经加工过的农产品的农药残留出现一个"明显残留"时（"明显残留"是指残留水平在0.1mg/kg以上），要特别进行考虑。FAO/WHO认为，当农药的ADI值和急性RfD值都很低时，要进行加工过程对农药残留影响的试验来计算加工因子，加工因子等于加工后产品中农药残留（mg/kg）与初级农产品中农药残留量水平（mg/kg）或加工前原料中农药残留水平（mg/kg）的比值。

　　基于对残留量的影响以及各种加工产品中残留物的分布，计算加工因子；

　　加工因子=加工商品中的农药残留量/原材料中的农药残留量

　　如果PF>1，表示在加工过程中农药残留水平升高；PF<1，表示残留水平降低；如果加工农产品中农药残留水平低于其限量值（LOQ），那么LOQ就用来衡量加工因子。

　　表3-2总结了近几年各种加工方式对农药残留的影响。

表 3-2　农产品加工过程对农药残留影响的研究进展

农产品	加工方式	农药	农药残留去除率	原因分析
水稻	粉碎	马拉硫磷 久效磷 杀螟丹	70%~80%	谷物受到撞击和摩擦,温度会升高,导致一些热敏性农药挥发或降解
	烹饪	西维因	78%	导致残留明显降低的原因可能与这些农药的蒸汽压、沸点等参数有关
		残杀威	55%	
		抗蚜威	35%	
大麦	制麦	三唑醇	62%、50%、 51%、63%	
	发酵	腈菌唑 丙环唑 氯苯嘧啶醇	20%~47%	
	蒸煮	甲基毒死蜱	麦芽汁中 80% 残留农药的 log Kow 值小于 2	
	糖化	三唑醇类	99%	
小麦	研磨	马拉硫磷 杀螟硫磷 甲基毒死蜱 嘧啶磷	72%~93%	
	面包制作	硫丹	70%	
		溴氰菊酯	63%	
		马拉硫磷	60%	
		丙环唑	52%	
		毒死蜱	51%	
		己唑醇	46%	
玉米	加盐水煮	马拉硫磷	70%	
大豆	加盐水煮	马拉硫磷	75%	
菠菜	强酸电解氧化水清洗	甲胺磷 乐果	99%	在清洗过程中,由于添加了不同的清洗剂,使清洗液的 pH 值、乳化性等发生改变,从而使残留农药的溶解性发生变化,或者使部分农药发生化学分解
	蒸煮	毒死蜱	12%~48%	
		三氯吡啶酚	代谢物残留量普遍升高	
	发酵	毒死蜱	70%	在发酵过程中,发酵微生物会吸收一部分残留农药而将其代谢,其代谢产物如乳酸等也会促进某些农药的分解
	清水浸泡清洗	毒死蜱	70%	
		三氟氯氰菊酯	20%	
	热风干燥	有机磷;菊酯	40%;8%	
	冷藏	有机磷;菊酯	29%;14%	

（续表）

农产品	加工方式	农药	农药残留去除率	原因分析
辣椒	高锰酸钾清洗	甲基嘧啶磷	66%~97%	0.01%的高锰酸钾溶液对辣椒上丙溴磷去除效果好
茄子	清洗	甲基嘧啶磷	66%~97%	
	去皮	毒死蜱	65%~85%	
	加热	毒死蜱	12%~48%	
		TCP	TCP浓度上升	
黄瓜	清洗	西维因	33%	
	去皮	克菌丹	50%	去皮是降低农药残留最有效的手段
		敌敌畏	57.20%	
		西维因	40%	
	酸水洗涤	有机磷		酸水洗涤对农药的去除率要大于碱水和自来水，且有机磷更易被除去
		马拉硫磷		
		毒死蜱		
		喹硫磷		
		丙溴磷）		
大白菜	酸水清洗	毒死蜱	80%	
		氯氰菊酯	74%	
		百菌清	75%	
桃子	去皮	甲基毒死蜱	98%	不同的去皮方式对农药残留的影响不同
		杀螟硫磷	95%	
		腐霉利	80%	
		农利灵	91%	
菜豆	油炸	氟氯氰菊酯	42.9%~76.4%	烹饪过程对农药残留的影响受烹饪条件和农药的理化性质共同影响（如时间、温度，水分的散失，环境的开放与封闭，农药的热稳定性、沸点、饱和蒸汽压以及Kow值等）
		氰戊菊酯		
		溴氰菊酯		
		高效氯氰菊酯		
	炒制	氟氯氰菊酯	33.7%~47.7%	
		氰戊菊酯		
		溴氰菊酯		
		高效氯氰菊酯		
	未盖锅蒸制	氟氯氰菊酯	43.5%~75.7%	
		氰戊菊酯		
		溴氰菊酯		
		高效氯氰菊酯		
花椰菜	烘烤	克菌丹和杀螟硫磷	完全克服克菌丹但是对杀螟硫磷去除效果不明显	

（续表）

农产品	加工方式	农药	农药残留去除率	原因分析
番茄	清洗	哒螨灵	10%	自来水清洗很难有效降低农药在农产品上的残留水平
	蒸煮	代森锰锌 乙撑硫脲	10% 28%是代谢产物	烹饪过程的热变化虽可降低农药残留，但也可能
	罐装	乐果 丙溴磷	71%~79%	使某些农药发生降解产生代谢物
	烹饪	啶斑肟 哒螨灵 四溴菊酸	加工因子分别为 2.1、3.0、1.9±0.8	
	榨汁	乐果 溴硫磷 甲基嘧啶磷 HCB 林丹 DDT	73%~78%	
	去皮	杀螟硫磷 腐霉利	92%，77%	很多脂溶性农药，易分布在果蔬的表皮蜡质层中，所以去皮能显著降低其残留
扁豆	臭氧洗涤	敌敌畏	80%	
白萝卜	腌渍	毒死蜱 氯氰菊酯 硫双灭多威	均降低	
马铃薯	酸水洗涤	丙溴磷 甲基嘧啶磷 马拉硫磷、DDT 及其异构体 艾氏剂 狄氏剂 七氯	酸水去除率更高	
	去皮	毒死蜱 3,5,6-三氯-2-吡啶 杀螟硫磷	65%~85% 99%	
	加热	毒死蜱 3,5,6-三氯-2-吡啶 TCP	12%~48% TCP 浓度上升	

（续表）

农产品	加工方式	农药	农药残留去除率	原因分析
苹果	清洗	毒死蜱 伏杀硫磷 甲抑菌灵	30%~50%	
	去皮	克菌丹	98%	大部分农药主要附着于农产品的表面，去皮很容易降低其残留
	榨汁	毒死蜱 甲胺磷 敌敌畏 氯氰菊酯	93%~98%	大部分水溶性农药都是附着在表皮上，榨汁前的清洗容易降低其残留
	罐装	保棉磷	96%	
橙子	榨汁	百菌清 三氯杀螨醇 腐霉利	残留水平较原料果升高	
	杀菌	百菌清 氯氰菊酯 三唑磷	含量显著降低 含量略有升高	
葡萄	晒干	嘧菌酯	显著升高	对于一些干制品，由于水分的大量散失，会导致热稳定性好的农药残留水平升高
	发酵	嘧菌环胺 咯菌腈	7%~27% 73%~92%	在发酵过程中，产生的发酵微生物会吸收一部分残留农药而将其代谢（其代谢产物如乳酸等也会促进某些农药的分解）
	葡萄籽油	腐霉利 嘧菌环胺	富集很强	
	蒸煮	毒死蜱	12%~48%，	
柑橘	精油	阿维菌素 氯氰菊酯 咪鲜胺	残留水平发生富集	
杏	晒干	氧化乐果和福美锌	升高1倍	制干过程中一般都涉及温度变化，易导致一些热稳定性差的农药挥发或降解，所以残留量会降低
		乐果和杀螟硫磷	无明显差异	
桃	去皮	杀虫畏	99%	
杧果	去皮	乐果，倍硫磷，氯氰菊酯，氰戊菊酯	约100%	

（续表）

农产品	加工方式	农药	农药残留去除率	原因分析
橄榄	榨油	乐果	无检出	
		杀扑磷	浓缩2.8倍	
		甲基对硫磷	高浓度2.6倍，低浓度更高	
		喹硫磷	浓缩1.4~3.5倍	
		二嗪磷	高浓度3.3倍，低浓度5.6倍	

由表3-2可以看出，不同的加工方式对农产品中农药的影响方式不一致，大部分加工方式会造成农药残留水平降低，也有些方式造成农药浓度增加，还有些方式可以造成农药降解成毒性更大的代谢物。影响农药残留变化的原因与农产品吸附农药的位置有关，同时也受农药自身的理化性质影响，如溶解度、蒸汽压、辛醇-水分配系数、热稳定性等影响。下面简要介绍几种典型的农产品加工过程对农药残留变化的影响。

3.2　影响加工过程中农药残留水平的机制和因素

3.2.1　分解

农药残留的溶解可能发生在RAC的洗涤、葡萄酿造、制茶或煮沸过程中，并且理论上与农药残留的水溶性有关。其他因素，如使用的农药制剂类型、温度、农产品上农药的原始沉积量、农药Kow、离子强度和pH值，以及农产品自身的性质，都可能会进一步影响农药在食品加工过程中的溶解。

3.2.2　热分解

许多农药通常在加热情况下发生降解、聚合或其他反应，且在液态下的反应速度远远高于固态。这些热不稳定农药（如莠去津、甲草胺、涕灭威、克菌丹、乐果、多果定、环草啶、甲拌磷等）会在翻炒或微波加热过程中分解成下级产物而使其含量显著降低。在食品加工过程中，热几乎对所有农药的降解机理都有影响（溶解、水解、渗透、挥发、微生物降解、代谢和酶促反应）。

3.2.3 水解

水解是农产品在不同的储藏和加工过程中农药残留降低最常见的原因之一。多数农药在一些典型的食品加工过程中都会发生水解，水解的发生也取决于添加水的量、原料当中的水分含量、pH 值、温度和农药的浓度大小。在食品的不同加工过程中，存在痕量酸或碱的情况下，具有官能团（如氨基甲酸酯、酰胺、尿素、硫代羰基和亚氨基）的农药化合物更容易发生水解。

3.2.4 代谢（酶促转化）：微生物降解

农药发生的酶促转化主要是植物和微生物介导的生物过程的结果。具有渗透性的农药在新鲜水果和蔬菜的存储过程中可能会进一步代谢。微生物降解是微生物对农药的分解。发生在真菌、细菌和其他微生物存在时与其他物质一起消耗农药。微生物降解是由酶介导的。微生物通常在 $10 \sim 45 ℃$ 时活性最大，且在有水分、空气存在时和中性 pH 值时活性会增强。因此，由于谷物在储存过程中常常具备这些条件而可能发生农药的降解。另外，农产品可能发生农药微生物降解的其他过程包括发酵步骤（面包制作、酒精饮料生产、醋的生产等）。

3.2.5 氧化

在储存期间，农产品上的有机农药残留可能会被氧气或空气缓慢氧化，具体氧化程度取决于农药的种类和农产品自身的性质。通常，农药通过化学氧化降解的过程会受到所有可能导致形成—OH 自由基的因素的影响。食物暴露在空气中、较高的储存温度、紫外线辐射，以及促氧化剂的存在，这些因素可能会促进不易降解农药的氧化过程。总之，农药的氧化过程可能发生在高温（即室温）下的长期存储过程中，用氧化剂［如臭氧和 H_2O_2（或组合物）的处理］或即食食品出于保存的目的用紫外线进行照射的过程中。

3.2.6 渗透

渗透是最常见的物理化学过程，从农药一经施用就开始，一直持续到农产品储存过程结束，其可能会发生在农产品的表面上。农药在农产品上的渗透程度会显著影响农产品在后续存储、清洗、去皮和干燥期间的降解程度。可能影响农药渗透程度的主要因素是与农产品自身特性有关的农药的相关性质（Kow、分子量、可能发生的反应以及农药施用的配方）。农产品上农药残留的初始浓度和加工温度也可能对渗透程度产生影响。

3.2.7　光降解

所有农药在某种程度上都易于光降解。阳光的强度和光谱、暴露的时间长短以及农药的性质都会影响农药的光降解速率。在收获后，在食品加工过程和食品存储中，残留在农产品上的农药不会发生光降解。但是，有些可用于收获后的保存农药可能会在水果的日晒和紫外线照射等的食品加工过程中，通过光降解显著降低农药浓度。

3.2.8　农产品质量的变化导致农药残留浓度的变化

最典型的变化有：①储存未成熟新鲜水果期间水果的生长（即植物生长），通常会导致蔬菜水果中农药浓度降低；②在农产品的存储、烹饪和干燥过程中失水，通常会导致所存储或加工的农产品中农药残留浓度变得更高。食品加工中将农产品两相分离还可能会导致农药残留水平的变化，这取决于农产品可食用部分中农药的分配系数和最终分离得到的产品的质量。发生这个类型变化的典型示例是未精制石油生产过程中脂溶性农药的浓度以及相应去除的水溶性农药的情况。

3.2.9　挥发和共蒸馏

农产品的饱和蒸气压较高，Kow 较低的非内吸性农药残留可在干燥或蒸煮过程中从食品中挥发掉而被大量消除。在储存过程中，温度越高，农药从食品表面挥发的程度越高，空气湿度越大，农药挥发的就越少，而农产品的性质（例如水分含量，%w/w）也可能在这过程中起着重要作用。

3.3　农产品中农药在常见加工过程中的降解行为

食品加工通常意味着将不易保存的原材料转变为保质期更长的产品。在本节中，主要对在家庭和工业加工中应用于农产品的最常见食品加工技术（清洗，去除农产品的外部部分，如剥皮、去壳、脱壳和修整；粉碎，如混合、切碎和切碎；烹调和榨汁）中农药的残留情况，以及一切可能导致残留量提高的食品加工过程（谷物加工、油的生产、酒精饮料生产以及干燥）进行论述。

3.3.1 洗涤加工

洗涤加工过程通常是家庭处理及商业生产中常用的加工方式，也是去除食品中农药残留最简单经济处理手段，目前已有较多的研究报道关于洗涤对农药残留的影响。清洗对农药残留的影响主要包括农药的理化性质，如农药的溶解度、蒸气压等，以及洗涤的方式，如洗涤溶液的种类、洗涤温度及时间等。

Soliman 等研究了不同的洗涤溶剂（自来水、不同浓度的氯化钠溶液和不同浓度的醋酸水溶液）对马铃薯中有机氯（林丹、滴滴涕及其代谢物、六六六等）和有机磷（马拉硫磷、对硫磷、甲基对硫磷等）农药的影响，试验结果表明，经过不同溶剂清洗后，农药残留浓度均有所减少，醋酸溶液对两类农药的去除效果最好，而自来水洗涤的效果最差。自来水清洗后马铃薯中有机氯和有机磷农药去除率相似，而10%醋酸水溶液对有机磷的去除效果要好于有机氯的去除效果。Hao 等研究对比了强酸电解氧化水、强碱电解氧化水、自来水和洗涤剂对菠菜中甲胺磷、氧化乐果和敌敌畏三种有机磷农药的去除效果，发现强酸或强碱电解氧化水处理效果要明显好于自来水和添加洗涤剂处理，同时发现使用强酸或强碱电解氧化水对菠菜中的维生素含量不会产生影响，不会造成营养流失。Guardia-Rubio 等研究了清洗对橄榄上敌草隆、西玛津等五种农药的去除效果，研究结果发现，用自来水搅拌清洗1min 后能去除50% 的西玛津残留，但对敌草隆等其他4 种农药的去除效果不明显，施药1d 后比施药一周后橄榄上的农药残留更加容易被去除，这可能是由于随着时间的推移，农药进入了果实表皮的蜡质层中，故较难除去。

可见，洗涤对农药的去除效率受多种因素影响，包括洗涤溶液的种类、洗涤的时间和温度、洗涤的方式，以及农药的性质等。

（1）农药残留的部位：洗涤可以较易的去除农产品表面的农药残留，对于残留于组织内部或农产品凹陷处的农药则很难去除。

（2）农药残留时间：随着时间延长，农药可以慢慢渗透进入表皮蜡质层或表皮深处，导致去除效果不明显。

（3）农药的水溶性：对于水溶性强、亲水性和极性大的农药比极性弱、亲脂性的农药更容易通过洗涤而除去，因为此类农药不仅在洗涤过程中很容易溶解于水中，而且通过表皮进入蜡质层的部分也很少。

（4）洗涤的温度和类型：一般来说，洗涤效果随着温度的增加而加强，温度高对于热稳定性差的农药去除更为明显，而且高温有利于农药的挥发。

酸性水溶液在去除有机磷农药时最有效，去除率要大于碱水和自来水，且有机磷农药较其他种类农药更容易被去除。

3.3.2　去皮（脱壳）加工

大部分农药主要残留于农产品的表皮上，去皮很容易降低其残留。在生产中主要采用化学去皮法（主要是碱液去皮）、机械去皮法（主要是削皮）、蒸汽去皮法和冷冻去皮法 4 种去皮方式。

去皮对农产品中农药残留的去除主要与农药自身的性质有关，大多数直接施用于水果、蔬菜的脂溶性杀虫剂或杀菌剂在表皮蜡质层中的移动或渗透作用极其有限，其残留基本上固定在外表皮蜡质层中，因此可以通过去皮等方式去除。Fernandez-Cruz 等研究了去皮对柿子中杀螟硫磷的影响，去皮能除去柿子中 92% 的残留。Burchat 等和 Lentza-Rizos 等也报道了相似的研究结果，前者证明去皮能完全除去胡萝卜中二嗪农和对硫磷的残留，而后者发现马铃薯经去皮后氯苯胺灵的残留不足 10%。

对于内吸性农药残留来说，由于其可以进入果肉中，去皮对其残留去除的效果要差一些。Cengiz 等研究表明，去皮能除去番茄中 93% 的克菌丹残留，但对腐霉利的去除率仅为 77%，其原因可能是由于腐霉利具有内吸性。

不同的去皮方式对农药残留的影响不同。Balinova 等研究发现，碱液去皮对桃子中农药的去除效果优于机械去皮，机械去皮对甲基毒死蜱、杀螟硫磷、腐霉利和农利灵的去除率分别为 98%、95%、80%、91%，而经 4% NaOH 溶液去皮后对 4 种农药的去除率均高于机械去皮。

3.3.3　粉碎

通过切碎、混合、粉碎等类似过程粉碎农产品通常不会影响其中的农药残留量，因为在食品制备过程中的适当时间内大多数农药在酸性植物组织匀浆中相对稳定。然而，粉碎会导致酶和酸的释放，这可能会增加如水解等其他降解过程的速率。应特别关注对酸敏感的农药化合物（如 EBDC、克百威、丙硫克百威、吡嗪酮、二氧威、硫双灭多威等）在存在微量酸的情况下容易水解，应研究可能形成的有毒代谢物。一个典型的例子是杀菌剂乙烯二硫代氨基甲酸盐（EBDC）在弱酸性介质，类似于番茄匀浆的 pH 值（4.0~4.2）中快速降解，形成有毒的 ETU、二硫化碳和乙二胺。混合的农产品在贮藏中的农药降解过程随着贮藏时间和温度的增加而显著增强，在这些情况下，应在健康风险评估中考虑更多的有毒代谢物。

3.3.4 榨汁加工

榨汁是家庭制作新鲜果汁和商业生产果汁中基本的加工工序，研究表明，榨汁对果汁中农药残留的去除主要依赖于农药在果皮、果肉和果渣中的分布情况，榨汁后的果渣中一般会含有相对较高的农药残留量，主要原因在于水分去除后导致农药残留浓度升高。对于水溶性强、亲脂性差、极性大的农药容易残存在果汁中，而中等或强亲脂性的农药等不易转移进入果汁中。榨汁后农药残留的去除率与榨汁的步骤及榨汁时用的水果是否含果皮有关，由于商业化果汁生产过程采用的大多是整果进行压榨，如果果汁中保留的果肉和果渣越多，农药的残留水平则相对越高，如混浊苹果汁中的农残含量可能高于澄清果汁。

Rasmussen 等研究了苹果加工成苹果汁过程中毒死蜱等 14 种农药的残留动态变化，结果发现，毒死蜱在苹果汁中的残留百分比仅为 2%~7%，而硫丹硫酸酯和对甲抑菌灵的在果汁中的残留水平较高，对比这些农药的溶解度和辛醇/水分配系数（Kow）值发现，农药在苹果汁中的残留水平与其溶解度和 Kow 值没有直接关系，但与 Burchat 等的研究结果不一致，Burchat 等研究发现，农药的溶解度越高，在胡萝卜汁和番茄汁中的残留就越高。造成结果不一致的原因可能与榨汁采用的不同基质有关。

另外，榨汁过程中不同的加工方式对农药残留的影响效果也不一致，Romeh 等研究了不同的榨汁方式对番茄中丙溴磷、吡虫啉和戊菌唑三种农药的去除效果，在冷破碎时丙溴磷、吡虫啉和戊菌唑三种农药的降解率分别为 72%~88%、60%~100% 和 53%~59%，而在热破碎时农药残留去除率会升高，分别为 82%~100%、100% 和 69%~75%。

3.3.5 烹饪（烹饪、煮沸、油炸）

农药可能在烹调过程中蒸发、水解或热降解。然而，在食物烹饪中使用的工艺和条件是很不一样的。时间、温度、水分损失程度、烹饪容器是否打开或关闭，以及过程中是否加水等细节对于最终估计农药残留水平是非常重要的。一般来说，农药的降解率和挥发率随着烹调或巴氏杀菌所涉及的温度的增加而增加，水解率也可能随着水的加入和温度的升高而增加。

有针对菜花和柿子上有机磷农药（杀螟松、除草氧磷、3-甲基-4-硝基苯酚）的报道称其在加热情况下也较稳定，在不添加水的情况下可稳定存在 10~15min，对水溶液加热不稳定。Coulibaly 和 Smith 在 1993 年研究了未加热、加热至 70℃ 1h 或 2h、加热至 80℃ 1h 的水溶液中的伐灭磷、倍硫磷、对硫磷、司替罗磷、毒死蜱和皮蝇磷的降解情况，司替罗磷和伐灭磷在很大程度上不受加热的影响，而倍硫磷、对硫磷，毒死蜱和皮蝇磷在未加热的水中水解 53.2%~80%，进一步加热也不会导致进一步降解。其他研究证实了煮沸后 OPS 的减少（杀螟松减少 32%，三唑磷减少 89.5%），但也报道了辣椒、芦笋和桃子在不加水（在 100~110℃ 下 20~80min）烹饪后毒死蜱和乙酰甲胺磷的减少（50.5%~68%）。后一种差异可能是由于烹饪过程中使用的温度较高和时间较长，因为在高温或较长时间下干燥也会导致加工商品中杀虫剂（包括 OPS）的大幅度减少。此外，Nagayama 在 1996 年的报告中说，在烹调过程中，一些残留农药根据水溶性的不同从原料中转移到烹调水中，而根据 Kow 值的大小残留农药留在加工食品中。这些关系可用简单的方程式表示。在同一蒸煮过程中，回归表达式相似，农药消除量随蒸煮时间的延长而增大。

其他杀虫剂，如啶斑肟、哒螨灵和四溴菊酯，在没有加水的情况下，番茄在烹调后没有减少，尽管由于烹调过程中的水分损失，残余物在最终产品中浓缩了 1.9~3.0 倍。无水煮花椰菜 15min，苹果加工成无菌果泥（125℃，pH 值 4，20min）后，克菌丹几乎完全被消除，表现出热降解的趋势。有趣的是，煮沸并没有减少苹果上的毒死蜱、氯氰菊酯、溴氰菊酯、二嗪农、硫丹（α、β 和硫丹硫酸盐）、甲氰菊酯、异菌脲、醚菌酯、λ-氯氟氰菊酯、喹硫磷和芬克洛唑啉残留。在同一研究中，杀螟松和甲苯氟磺胺在煮沸过程中含量降低，这不是由于农药的酸水解，而是由于杀螟松和甲苯氟磺胺残基与苹果中含有巯基化合物的相互作用而被选择性降解。在这项研究中，杀螟松是唯一一种含有甲氧基的有机磷农药，甲氧基能促进其酶解为含有乙氧基的有机磷农药，而甲苯氟磺胺的降解可能是由于与硫醇化合物的相互作用后 N-S 键的断裂。

Randhawa 等人研究了毒死蜱及其降解产物 3,5,6-三氯-2-吡啶在不同蔬菜的水煮过程中的去向，发现毒死蜱的减少量在 12%~48%，减少量在菠菜（38%）和花椰菜（29%）中更为明显。在烹调过程中，3,5,6-三氯-2-吡啶的含量大大增加，因此，在烹调过的水果和蔬菜中（以及在可能用于进一步烹调的沸水中）也应测量有毒代谢物。尤其是氨基甲酸酯、酰胺、脲、硫羰基和含有亚氨基的农药，在加热或煮沸过程中，在存在微量酸和/或碱的情况下，容易水解。尤其是氨基甲酸酯、酰胺、脲、硫羰基和含有亚氨基的农药，在加热或煮沸过程中，在存在微量酸和/或碱的情况下，容易水解。关于这一主题，已经发表了大量关于二硫代氨基甲酸酯农药残留和毒性更大的 ETU 的研究，结论是，在烹调过程中，二硫代氨基甲酸酯可转化为 ETU，转化率为 30%~48%。尽管煮沸过程中的 ETU 残留物可能会进入沸水，但加工食品中仍有相当数量的 ETU 残留物。

3.3.6 研磨

清洁、调节和研磨是谷物研磨过程中的三个基本步骤，可将谷物分成三个主要部分：小麦胚芽、麸皮和胚乳。在大多数关于谷物碾磨过程中农药残留（甲基毒死蜱、甲基嘧啶磷、马拉硫磷、异马拉硫磷、杀螟松）分布的研究中，麸皮中的农药残留量始终高于小麦，通常高出约 2~6 倍。此外，据报道，相当一部分杀虫剂分布在粗磨粉中。粗磨粉中甲基毒死蜱和甲基嘧啶磷的残留量仅略低于麸皮中的残留量，分别是全麦的 2.0~3.6 倍和 1.3~3.2 倍。Uygun 等报告说，马拉硫磷从小麦到粗面粉的转移率为 16%~28%，杀螟松为 17%~22%，甲基毒死蜱为 7%~8%，甲基嘧啶磷为 23%~28%。正如已经报道的粮食储藏过程中农药残留情况一样，农药残留在种皮上，并且会富集到含有高甘油三酯的麸皮和胚芽中，因此，在加工谷物上的农药残留情况可根据农药的亲油性来预测其残留情况。总之，Kow 可以很好地解释小麦制粉过程中不同农药不同的降解情况，马拉硫磷和杀螟松的消除率约为 95%~100%，溴氰菊酯的消除率约为 57.6%。

3.3.7 干燥

农产品的干燥可以通过阳光照射、食品烘干机或烤箱进行。不同的干燥工艺对农药残留的影响不同，因为太阳光还可以对农药残留进行光降解。虽然在干燥过程中水分的流失会导致理论加工因子的增加，但干燥食品中农药残留的相关因子通常较低。因此，尽管干杏的理论加工因子为 5~6，但干杏中的特定农药的残留量（联苯三唑醇、二嗪磷、腐霉利、异菌脲、氧乐果、福美锌）比生杏低。但在相同的干燥条件下，杀螟松完全消失，乐果没有变化。光照增加 3 倍，氧乐果和福美锌几乎增加了 1 倍。对杏用两种不同的干燥方法（烘箱干燥和日晒）研究农药的降解情况，除去伏杀硫磷经日晒后含量变为原来的 2 倍，经烘箱干燥后变为原来的 3 倍外，其他几种农药的残留量没有发生变化。树脂加工也有类似的结果。虽然树脂的理论加工因子约为 4，但苯霜灵、乐果、异菌脲、甲霜灵、伏杀硫磷、腐霉利、芬克洛唑啉和氯氰菊酯的农药加工因子在 0.08~1.7。在进一步研究烘箱干燥过程中发生的农药去除的机理时，乐果残留量的减少归因于热，苯霜灵、腐霉利和伏杀硫磷单独归因于共蒸馏，异菌脲和甲霜灵归因于热和共蒸馏的联合作用。此外，农产品的种类和加工方法种类的不同对农药在干燥过程中的去向有重要影响，比表面重量越高，农药的去除率越大。

3.3.8 发酵加工

在发酵过程中，发酵微生物会吸收一部分残留农药而将其代谢，其代谢产物如乳酸等也会促进某些农药的降解。发酵对农药残留影响的研究多集中在葡萄酒酿造过程中也就是乙醇的发酵过程中，相关农药残留量的变化规律。研究结果发现，发酵过程能降低大部分农药含量。但也有研究表明，发酵对有些农药的去除效果不明显，Inoue 等研究了啤酒发酵过程中 300 多种农药残留的变化，仅有少数的农药在发酵后的啤酒中残留水平较高，其中甲胺磷在发酵后的啤酒中仍然占 80% 的残留量，主要是与农药自身的辛醇-水分配系数有关，其 log Kow 值小于 2。另外，发酵过程中农药的残留变化还与酿造过程中使用的澄清剂以及酿造方式有关，不同的澄清剂（膨润土、活性炭、明胶等）对农药残留的去除效果不同，其中活性炭对农药的去除效果最为明显，几乎能除去全部或大部分农药残留。Fernandez 等研究了卵白蛋白、血白蛋白、膨润土加明胶、活性炭、交联聚维酮（PVPP）和硅胶 6 种吸附剂对咯菌腈、嘧菌环胺、嘧霉胺和喹氧灵 4 种杀菌剂去除效果进行了比较，血白蛋白效果最好（除了对喹氧灵吸附效果外），硅胶最差（除了对嘧菌环胺的吸附效果较好），但膨润土加明胶处理的综合效果最佳。Ruediger 等研究了发酵过程对葡萄酒中 7 种杀菌剂和 3 种杀虫剂农药残留的影响，研究发现，发酵过程对毒死蜱和三氯杀螨醇的去除效果最明显，而对百菌清和腐霉利的去除效果不明显，研究结果还发现，三氯杀螨醇影响发酵过程中苹果酸的产生，据此可以推测三氯杀螨醇的残留降低与微生物的代谢活动有关。

另外，在肉类的发酵过程中农药残留也会发生变化，Abou-Arab 等研究了肉类发酵过程中 DDT 和林丹的残留变化，研究结果发现，在发酵 24h 后，DDT 和林丹分别降解了 4% 和 6%，主要与发酵过程中细菌的生长有关。

3.3.9 灭菌加工

很多农产品生产过程都需要进行灭菌处理，从而控制其中的有害微生物。灭菌可通过热处理或非热处理达到杀菌的目的。

加热杀菌如巴氏杀菌、超高温瞬时杀菌（UHT）、蒸汽杀菌和微波杀菌等，使得热稳定性较差的农药容易发生降解，故能显著降低其在农产品中的残留水平，但是加热杀菌过程会造成一定的水分散失，这可能会使一些热稳定性农药残留升高。Balinova 等研究发现，在 90℃条件下对桃果酱进行灭菌 25min 后，有机磷农药的残留水平显著降低，其中未去皮的桃制成的果酱中甲基毒死蜱减少 66.7%，但是腐霉利的残留增加了 2.1 倍。Kontou 等研究了番茄酱经过 121℃蒸汽杀菌 15min 后，代森锰锌的残留量显著降低，但是有 32%的代森锰锌代谢为毒性更强的乙撑硫脲。Bonnechere 等研究了在密闭的环境中 121℃灭菌 10min 对菠菜中啶酰菌胺、异菌脲、代森锰锌及其代谢物、霜霉威及其代谢物和溴氰菊酯的影响，研究发现，代森锰锌完全被去除，但是检测发现有部分代森锰锌转化为代谢物 ETU，霜霉威的去除率也达到了 90%左右。

非热杀菌主要是指利用射线、压力以及氧化作用等对微生物产生影响来达到灭菌效果，包括辐照、高压脉冲电场灭菌、超声波、高压处理等。这类灭菌方式对农药的化学结构有很大的影响，如臭氧作为一种强氧化剂，可切断农药分子的强极性键而生成小分子物质，从而使农药残留量降低。Chen 等研究了高压脉冲电场处理苹果汁后甲胺磷和毒死蜱的变化规律，研究结果发现电场强度和脉冲数对农药残留的去除影响较大，加大强度或脉冲数都能加速农药的降解，在处理过程中甲胺磷较毒死蜱稳定。Nieto 等利用紫外灯照射的方法研究橄榄油中农药残留的降解情况，结果表明，在 20℃条件下用紫外照射 16min 后，对敌百虫、敌草隆和西玛津的降解率显著，分别为 64.5%、45.3% 和 42.9%，但对乐果、去草净和双氧威的降解效果不明显，仅为 2.1%、2.2% 和 1.6%。

3.3.10　其他加工方式

其他常见的加工方式还有烘烤、面包制作、乳制品（包括黄油、奶酪、奶制品等）制作、碾碎、烹饪、腌渍等。在面粉的生产过程中，精加工程度越高，其农药残留相对越低，Fleurat-Lessard 等研究了用不同小麦部位加工成面粉和麦麸中甲基嘧啶磷残留状况，研究结果表明，生产的面粉中甲基嘧啶磷残留量相对于整粒小麦（残留量为 3.56mg/kg）显著降低，其中内胚层面粉中的残留量最低，其次为中胚层面粉，外胚层面粉中的残留最高，为 2.81mg/kg；而麦麸中的甲基嘧啶磷残留高于面粉中的残留，且麦麸碾磨越细，其残留越低。粗麸皮的残留量为 11.3mg/kg，而细麦麸中的残留降至 8.53mg/kg。Radwan 等将辣椒分别腌制 1 周及 2 周后，丙溴磷的去除率分别

为 92.58%和 95.61%。葡萄在加工成葡萄干的过程中，25d 后甲胺磷减少了
65.8%，这可能是因为甲胺磷伴随在加工过程中挥发造成的。Shoeibi 等研究
了稻米在烹饪过程中三种氨基甲酸盐类农药残留变化规律，西维因、残杀威
和抗蚜威三种农药的残留量分别减少了 78%、55%和 35%，主要与农药的蒸
气压、农药的热稳定性有关。烹饪过程由于温度较高可能使某些农药发生降
解产生代谢物。Randhawa 等研究了蒸煮过程对菠菜、马铃薯、番茄和茄子
等 6 种蔬菜中毒死蜱及其代谢产物 TCP 的残留变化情况，发现经过沸水蒸煮
10~20min 后，蔬菜中毒死蜱的残留减少 12%~48%，而 TCP 的残留水平普
遍升高，在菠菜、秋葵和番茄中分别升高 1.9 倍、1.5 倍和 2.8 倍。Chen 等
研究了乌龙茶制作过程中菊酯类农药和苯甲酰脲类农药的变化规律，在茶叶
发酵过程中苯甲酰脲类农药残留浓度显著降低，但是在其他加工过程中没有
显著变化。氯氟氰菊酯在茶叶整个加工过程中残留浓度基本没有变化。

　　另外，还有一些加工方式是相互结合在一起的，这些加工方式均会对农
药残留变化产生不同程度的影响，清洗和蒸煮处理农产品对其中农药的去除
起到协同作用。因此，研究农药残留在食品加工过程中的残留变化对于减少
农药残留对人体的危害、了解农药的降解规律、保障食品安全具有重要
意义。

第4章 农产品储存过程中
农药残留的变化

　　一般初级农产品或加工农产品在食用前都需要储存在适当的温度，避光，控制适当的湿度，并保持清洁的环境中。在储存过程中农产品中农药残留浓度的变化受到多种因素的影响，其中，储存温度是重要的影响因素之一。为保证农产品在储存过程中的质量，一般储存在较低的温度条件下，从而通过降低呼吸速率延长储存寿命，减少水分的损失。同时，温度可能通过以下几个因素对农产品中农药残留造成影响：①农药挥发；②农药渗透；③农药代谢或通过影响农产品呼吸作用由此产生的酶降解；④通过影响农产品中微生物生长或活性造成农药残留减少；⑤由于水分的减少，造成单位质量农产品中农药浓度发生变化。表4-1总结了近几年农产品在不同储存条件下农药残留的变化情况。

表 4-1　储藏过程对农产品中农药残留影响的研究

基质	农药	储存条件	残留消解率
水稻 （未碾过）	敌敌畏	15℃，92d	16%
	甲基毒死蜱		25%
	马拉硫磷		28%
	杀螟硫磷		29%
	溴甲烷		59%
水稻	敌敌畏	15℃，85d	0%
	甲基毒死蜱		35%
	马拉硫磷		32%
	杀螟硫磷		28%
	溴甲烷		120%
大麦	马拉硫磷	20℃±5℃，5个半月	65%~72%
	异马拉硫磷		65%~72%
	马拉氧磷		85%
	杀螟硫磷及其代谢物		80%

（续表）

基质	农药	储存条件	残留消解率
小麦	戊唑醇	25℃，14d	23.88%
	戊唑醇	4℃，14d	26.94%
	甲基毒死蜱	25、30、35、40℃	稳定性：甲基毒死蜱<
	甲基嘧啶磷	52 周	甲基嘧啶磷<
	甲氰菊酯	53 周	甲氰菊酯
	马拉硫磷	室温储存，5 个月	88%
	杀螟硫磷	室温储存，5 个月	86%
	甲基毒死蜱	室温储存，5 个月	84%
	甲基嘧啶磷	室温储存，5 个月	76%
大豆	马拉硫磷	20~24℃，12 个月	47%
玉米	马拉硫磷	20~24℃，12 个月	64%
香蕉	戊唑醇	25℃，14d	26.94%
	戊唑醇	4℃，14d	27.49%
苹果	有机磷类毒死蜱	4℃，79d	25~49%
	二嗪农		25~50%
	杀螟硫磷		25~51%
	甲基对硫磷	1~3℃，5 个月	显著降低
	21 种农药		5 个月以后只检测出果定和伏杀硫磷
柠檬	甲基对硫磷	1~3℃，5 个月	降低没有苹果明显
葡萄	甲胺磷	常温	$t1/2$ 为 22~26d
	甲胺磷	冰箱	$t1/2$ 为 267d
	腈菌唑	0℃，75 个月	$t1/2$ 为 92d
	三唑酮		$t1/2$ 为 216d
	杀扑磷	0±0.5℃	$t1/2$ 为 64d
	咯菌腈	4℃	$t1/2$ 是田间试验的 3~6 倍
	嘧菌环胺	4℃	
梨	乙氧基喹啉	冰箱，8 个月	果肉中的含量要低于果皮
	抑霉唑	冰箱，8 个月	果肉中浓度降低较快
	异菌脲	冰箱，8 个月	
桃罐装	乙酰甲胺磷	2 年	11%
	福美双	1 年	低于 0.1mg/kg
日本梨	ETU	-20℃，100d	无 Cys-HCl 时将为初始值的 1%，加 Cys-HCl 后降为初始值的 82%
生菜	咯菌腈	4℃	$t1/2$ 是田间试验的 3~6 倍
	三唑酮	4℃	$t1/2$ 是田间试验的 3~6 倍

（续表）

基质	农药	储存条件	残留消解率
番茄	腐霉利	4℃，7d	19%
		4℃，14d	38%
	克菌丹	4℃，7d	54%
		4℃，14d	64%
	异菌脲	15℃，7d	大于49%
		15℃，12d	大于49%
	噻虫嗪	15℃，7d	大于49%
		15℃，12d	大于49%
	有机磷类和有机氯类	−10℃，3d	5%~12%
	有机磷类和有机氯类	−10℃，6d	5%~29%
	有机磷类和有机氯类	−10℃，12d	11%~31%
胡椒	抗蚜威	低温储存	52.70%
	嘧菌环胺		33.83%
	戊唑醇		19.34%
	咯菌腈		28.80%
	吡丙醚		减少不显著
	噻嗪酮		减少不显著
	甲基对硫磷		减少不显著
	毒死蜱	3个月	低于0.004mg/kg
大白菜	毒死蜱	4℃，48h	3%
	P，P′-DDT		3%
	氯氰菊酯		3%
	百菌清		4%
黄瓜	敌敌畏	4℃，3d	48%和71%
	二嗪磷	4℃，6d	36%和65%
马铃薯	久效威	室温，10~20周	48%~97%
橄榄油	甲基保棉磷	0.5%酸，8个月	不变
	二嗪磷		10%
	乐果		不变
	杀扑磷		25%
	甲基对硫磷		10%
	喹硫磷		不变
	甲基保棉磷	2.0%酸，8个月	20%
	二嗪磷		不变
	乐果		不变
	杀扑磷		25%
	甲基对硫磷		不变
	喹硫磷		不变
芦笋	毒死蜱	3个月	未检出

（续表）

基质	农药	储存条件	残留消解率
啤酒	腈菌唑	2℃，3 个月	25~50%
	丙环唑	2℃，3 个月	25~50%
	氯苯嘧啶醇	2℃，3 个月	25~50%
葡萄汁	嘧菌环胺	40℃，2 个月	t1/2 为 44d
	腐霉利		t1/2 为 20d
	咯菌腈		t1/2 为 33d
	乙烯菌核利		t1/2 为 11d
橙汁	乐果	40℃	24d
		15℃	533d
		0℃	1 733d
桃汁	乐果	40℃	25d
		15℃	533d
		0℃	2 310d
番茄汁	代森锰、ETU	5℃，6 周	无显著变化
酸奶乳酪	林丹及其代谢物	冰箱，1d	2%
		冰箱，2d	4%
		冰箱，3d	9%

正确储存未经加工的植物源性食品，包括在保存适当的温度和湿度，远离阳光，并在进一步产品管控之前保持其清洁和安全。温度控制是收获后维持农产品品质的最重要的一个因素，而植物商品储存最常见的方式是冷藏。

冷藏需在不同的温度和湿度下进行，并且根据商品的性质，每种食品的冷藏时间不同。将产品储藏在其最低安全温度下（一般作物保持在 0~4℃，对低温敏感的作物保持在 4~8℃），这样可以降低产品的呼吸频率，降低对乙烯气体的敏感性并减少水分流失，从而延长存储寿命。然而，温度还可以调控下述在存储过程中对农药残留量的改变存在影响的要素：①农药挥发；②农药渗透；③通过控制作物呼吸和对作物代谢的控制，进行农药降解和/或酶降解；④通过延缓某些微生物的生长和活性而导致的农药降解；⑤每千克作物的农药浓度变化是由于水分损失减少或呼吸造成的干重损失，或由于作物生长而通常导致作物农药浓度降低。此外，在农产品适当避光贮藏期间基本不会发生光降解而进一步减少农药含量，且在贮藏期间，水解不易在植物表面发生。因此，在农产品冷冻储存期间（−10~20℃）的农药残留含量是相对比较稳定的，衰减相当缓慢。贮藏温度越高，贮藏时间越长时，农药的减少量就越大，商品经过加工，其农药浓度会减少或者被富集，而初始农药浓度及其物理化学性质可能在储存过程中影响农药的稳定性。

4.1 谷物在储存过程中农药残留的变化

谷物一般储存在常温条件下 3~36 个月，其中大部分农药残留多是在后期储存过程中为防治仓储害虫而施药造成的。有研究发现，粮谷储存过程中农药残留降解速度相对较慢，主要是由于大部分亲脂类农药残留在种子表皮中，虽然部分农药会从表皮渗透进入甘油三酯水平高的麸皮和胚芽中。在相对湿度为 50%~70% 的室温条件下，农药在前 32 周储存条件下降解的速度很慢。有机磷农药在谷物储存过程中残留变化研究较多，马拉硫磷、甲基嘧啶磷、甲基毒死蜱在储存 5~8 个月后残留降解范围在 50%~86%，主要与农药的辛醇-水分配系数、农药的施用剂型和储存温度及湿度有关。可能是因为谷物上的农药在储存过程中被水分解吸附，而后被谷物上的一些真菌、酶、金属离子等一些活性成分降解。天然除虫菊酯类杀虫剂降解速度要快于有机氯和拟除虫菊酯类农药，有机氯和拟除虫菊酯类农药在仓储过程中相对来说很稳定。Caboni 等研究了小麦在常温条件下储存 8 个月后天然除虫菊酯类农药（除虫菊素Ⅰ和Ⅱ、瓜叶除虫菊素Ⅰ和Ⅱ、茉莉除虫菊素Ⅰ和Ⅱ）降解变化趋势，除虫菊素Ⅰ和Ⅱ的降解半衰期在 41~72d。另外，储存空间的密封性也会影响谷物在储存过程中农药残留的变化，玉米、大豆储存在敞开的空间中马拉硫磷会降解 47%~64%。

4.2 蔬菜和水果在储存过程中农药残留的变化

一般来说，蔬菜和水果中的农药残留降解速度一般会比粮谷中要快，主要是由于在储存过程中农药挥发和酸解作用造成的（许多水果和蔬菜的 pH 值为 3~4）。Abou-Arab 将番茄储存于 -10℃ 条件下 12d 后，发现乐果和丙溴磷分别降解了 32.6% 和 28.2%。Rasmusssen 等研究了毒死蜱等 14 种农药在储存后残留的变化，发现杀螟硫磷、醚菌酯、对甲抑菌灵和毒死蜱等在储存 42d 和 79d 显著降低，硫丹在储存 79d 后，生成了约 34% 的硫丹硫酸酯代谢物。Elkins 等研究了菠菜和杏中有机磷、有机氯和氨基甲酸酯类农药在 37.7℃ 条件下储存一年时间残留变化，研究发现氨基甲酸酯类农药在杏中稳定，其中克百威降低 17%，代森锰锌降低 13%，福镁锌降低 54%；有机磷类农药在两种基质中均不稳定，马拉硫磷降低 52%，三硫磷降低 84%。农药残留在储存过程中的降解速率与其在农产品中残留的位置也有一定的关系，

Lopez 等研究了乙氧基喹啉、抑霉唑和异菌脲在冷藏条件下储存 8 个月残留量的变化，研究结果表明果肉中农药降低的速率较快。

4.3　储存加工过程农药残留形为研究进展

当考虑加工对食品中某一特定化学物质含量的影响时，应考虑到为什么会造成这样的损失。通过清洗、分拣或丢弃烹调用水或油脂，简单地清除物料是很容易去除掉农药残留的。但是，如果这种物质被破坏了，人们应该试着去了解，如果有被分解的话，分解产物可能会残留在食物中被食用，以及它们的残留水平可能是多少。对此类物质的摄入量估算可能导致对食品中新化学物质进行新的风险评估。

如上所述，农药残留可能在烹调过程中变质或降解。特别是，具有氨基甲酸盐、酰胺、尿素、硫羰基和亚氨基等官能团的农药化合物在加热或煮沸过程中容易在痕量酸或碱存在的条件下水解。因此，根据监测其在加工后商品中的水平所获得的数据来估计农药对人体健康的影响更为合理。例如，Lee 等人在分析 5 种不同蔬菜的煮熟样品时，观察到共有 44 种农药在存在微量酸或碱的情况下发生了水解。

尽管农药在环境和水系统中的降解已有大量文献报道，但关于在烹调或加工食品过程中分解产物的开发和代谢物鉴定的研究很少。

一些研究表明，当用杀菌剂乙烯二硫代氨基甲酸盐（EDBCs）处理烹调植物材料时，乙撑硫脲（ETU）的形成增加。Knio 等在番茄储存期间也观察到 3 种代谢产物的形成，这些代谢产物是由番茄酱储存期间 ETU 分解产生的，乙烯脲是主要的降解产物。因此，虽然烹调过程降低了 EDBC 残留物的水平，增加了 ETU 的含量，但储存含有 ETU 的加工食品并没有导致后者的快速降解。

此外，在熟肉中发现了母体有机磷农药（OPs）在一定 pH 值和温度催化下降解产生的初级（oxon）和次级（alcohol）代谢物。

Uygun 等还研究了胡萝卜在储存期间氯苯唑酸的降解情况。如预期，在第一天储存的胡萝卜样品中，除原有的氯苯唑酸外，未发现任何其他的残留物。储藏第 15d，GC-MS 显示存在磷酸二乙酯，这是农药的主要代谢产物之一。2,4-二氯苯甲酸、1-(2,4-二氯苯基）乙烷-1-醇和 2,2-二氯-l-(2,4-二氯苯基)-乙烯醇是胡萝卜贮藏第 40d 的次级代谢产物。

在橄榄油提取过程中也鉴别了农药代谢物。因此，在实验室生产的橄榄油中分别检测到倍硫磷和硫丹的主要代谢物倍硫磷亚砜和硫丹硫酸盐。此外，在橄榄油提取过程中，倍硫磷的浓度随着含水量的增加而增加，随着橄榄中倍硫磷初始浓度的增加而增加。重要的是要认识到这些代谢产物可能比母体化合物表现出更高的毒性。

此外，其他形式的加工也可能导致食品中形成新的物质。其中一些变化可能是偶然的，可能无法获得关于所形成组分的具体信息。对于应用于到目前为止尚未经过这种方式处理的食品，这确实可能是有意义的。在工业加工的情况下，通常在严格控制的条件下，可以获得一些有关新形成的化学物质的类型和含量的信息，在家庭烹饪中不一定是这种情况，尤其是当食用加热不足或过度加热的食物。通常通过体外水解程序确定加工过程中对残留物的性质的影响，以及更改产物的鉴定。水解研究使得有可能确认加工产品残留物的种类并进一步研究额外分解产物。乙烯二硫代氨基甲酸盐杀菌剂（EBDC）是一个研究较多的示例，用于说明毒理学关注的降解产物的形成。

4.4　加工因子在膳食风险评估中的应用

从 1960 年开始，很多食品企业就利用国家食品加工协会的保护扫描项目，目的是预防加工食品中不必要的或非法的农药残留。美国科学院于 1987 年 6 月在有关食品中农药规章的报告指出很多致癌性农药浓缩在加工食品中。美国环保署（EPA）早在 1996 年发布的一篇指导性文件《Residue Chemistry Test Guidelines OPPTS 860. 1520 Processed Food/Feed》中，详细介绍了农作物的不同加工方式所得产品的理论加工系数的计算方法，并将加工因子用于膳食暴露风险评估，它所提供的加工因子被美国政府报告（文摘）数据库（NTIS）收录，同时 EPA 和 OECD 也在加工系数方面有密切合作，数据共享。德国联邦风险评估协会（BfR）的《农药残留加工因子汇编手册》中，收集整理了 JMPR 和 EU 所做的关于水果、粮食作物、蔬菜三大类 56 小类食品的 148 种农药的 1 448 个加工系数，以及饲料中 115 种农药的 538 个加工系数。该数据库已经推广应用于农产品质量与安全的控制上。A. G. Renwick 论述农药残留分析及其危害描述和摄入估计，农药残留的国家短期估计摄入（NESTI）的三种估计模式都涵盖了加工因子。

与发达国家相比，国内对膳食风险评估模型的研究较为落后。袁玉伟等认为我国再加工食品（如脱水蔬菜）的农药残留及其重金属限量标准的制定要结合加工因子，即加工产品的 MRLs＝原料产品的 MRLs×加工因子。

JMPR 联合评价了在加工成食品的植物或植物产品中出现显著农药残留时的食品加工数据。当被判定为具有显著残留时，其含量一般高于0.1mg/kg，除非化合物具有较高的急性或慢性毒性。但也应特别注意低于0.1mg/kg 的农药残留，以防在后续加工步骤中这些农药发生浓缩。

基于对残留量的影响以及各种加工产品中残留物的分布，计算加工因子：

加工因子=加工商品中的农药残留量/原材料中的农药残留量

Lentza-Rizos 和 Kokkinaki 观察到，在带有小浆果典型特性的葡萄干生产中，氯氰菊酯的残留量通常与新鲜葡萄中的残留量相同。但是，对于浆果较大的品种，其加工因子高于 1.0，这表明加工产品中残留物的浓度很高。在常规加工方法中，还发现嘧菌酯从葡萄到葡萄干的残留量增加。Cabras 等观察到 5 种杀虫剂（谷硫磷、二嗪磷、杀扑磷、甲基对硫磷和喹硫磷）在油中的残留量高于橄榄上的残留量。根据农药和橄榄上的初始残留量，确定其加工因子为 1.5~7（残留在油中的农药浓度/残留在橄榄上的农药浓度）。此外，橄榄油中的噻嗪酮残留量平均是橄榄的 4 倍。

加工因子有助于加工商品的膳食暴露评估。它们也用于推荐现有法典商品代码加工产品的 MRL，但前提是加工会导致残留量增加。脂肪含量高于牛奶的加工乳品，对于脂溶性农药，其在加工商品中的残留量还会高于生品。牛奶中的农药进入脂肪的分配受化合物分子结构的影响。此外，牛奶的脂肪含量是可变的。最近，JMPR 决定在乳制品中推出针对脂溶性化合物的两个MRL 值，一个针对全脂乳，一个针对乳脂。这对于估计加工乳制品中的农药的残留量是十分有必要的。此外，由于麸皮和麸皮中的农药残留水平可能分别高于和低于小麦中的残留水平，需要关注小麦在研磨过程中农药残留去向的信息，因此有必要推荐麸皮的 MRL。

4.4.1　执法目的和饮食评估的数据需求

出于执行目的（测试食品托运是否符合最大残留限量），如果代谢产物仅占残留物中的一小部分，或者如果分析起来既困难又昂贵，则不希望在残留物中包括代谢物。如果农药将具有单独的 MRL 集，则在残留定义中通常避免使用与其他农药相同的代谢物或分析物，因为在执行工作中将会出现异常。

推荐的最大残留水平主要取决于按照农业质量管理规范（GAP）中的最大注册使用量（最高施用量、最小收获前间隔等）进行的监督残留试验的数据。试验应涵盖实践中预期出现的一系列条件，包括施用方法、季节、栽培方法和作物品种。当试验次数足够时，FAO/WHO 农药残留联席会议（JMPR）估计贸易商品的最大农药残留水平；商品可食用部分的 STMR（有效残留数据的中位数，每次试验均为 1 分）和 HR（有效残留数据的最高值，每次试验均为 1 分）。农药残留法典委员会（CCPR）建议将最大残留量估计值用作 MRL（最大残留限量）。STMR 和 HR 用于长期和短期饮食暴露估计。如果加工商品中的残留物水平超过 RAC 中的残留物水平，有必要估计加工商品的最大残留量。推荐 MRL 的 JMPR 程序总结见图 4-1。

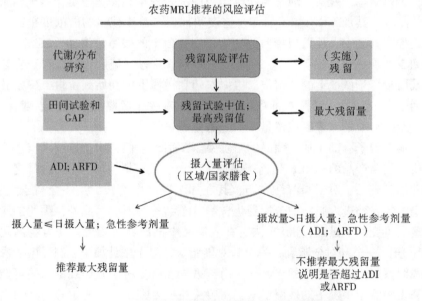

图 4-1　JMPR 评估残留数据及推荐最大残留限量流程

出于饮食摄入的目的，最好包括与母体化合物具有相似毒性的农药代谢物和光解产物。对于饮食摄入评估，还需要开展相关必要的研究，主要包括以下几个方面：

（1）作物中农药残留研究，连同植物代谢研究。土壤中农药残留的降解行为可能影响作物中农药残留的水平和农药性质，特别是土壤或种子处理。轮作作物研究的目的是回答关于在接受农药处理的原始作物之后播种或种植的作物中可能出现的农药残留的性质和水平的问题。转基因作物可能具有与非转基因作物不同的代谢模式，农药残留定义应涵盖这两种情况，因为在贸易中检测商品的残留分析员可能不知道作物是转基因还是非转基因。

（2）家畜饲养研究。这些研究的目的是发现动物在数周内每天重复给药可能在动物组织、乳汁和鸡蛋中产生的农药残留水平。标称饲喂水平（相当于饲料干物质中表示为浓度的剂量）应接近饲料商品中的预期残留水平。牲畜的农药残留膳食负担来自饲料商品的最高残留量和 STMR 乘以标准动物饲料。然后，饲料负担与家畜饲养研究中农药的饲喂水平相关，以估计动物商品最大残留水平。根据辛醇水分配系数支持的动物代谢和家畜饲养研究中脂肪和其他组织之间的分布，农药残留被描述为脂溶性。

（3）关于农药残留的食品加工研究。①将加工产品中的残留水平与农产品原料（RAC）中的水平相关联，并通过模拟或等同于商业流程的试验计算加工因子；②识别过程中产生的分解或反应产物。母体化合物和转化产物的残基通常表示为母体化合物。

（4）短期摄入研究。根据监督试验的 HR 估算一天的高农药残留摄入量。许多国家提供了大分量以及水果和蔬菜的单位重量，但还需要更多的数据。分别计算每种食物的短期摄入量（在某些情况下，较大的部分尺寸×HR×变异系数）并与急性参考剂量（ARFD）进行比较。JMPR 通过在建议的最大残留量脚注中使用脚注，提请注意农药残留摄入量估计值超过允许的每日摄入量（ADI）或 ARFD 的情况。

（5）慢性摄入研究：根据监督试验和食品加工研究的 STMR，估计食品中可能的农药残留水平。饮食为 5 种地区性饮食（中东、远东、非洲、拉丁美洲和欧洲）来自全球环境监测系统——食品污染监测与评估计划，摘自粮食及农业组织（FAO）的资产负债表。长期摄入量计算为每种食物商品的摄入量之和（残渣×食物消耗），并与 ADI 进行比较。

4.4.2　食品中农药检测不确定度的影响因素

食品中农药残留量的测定需要优化分析技术。大量的注意力需要集中在食品的取样和随后的分析和优化上，以可靠的方式检测农药来解决食品安全问题。此外，对于大多数农药，还缺乏对食品加工过程中代谢产物情况的详细研究。所以，在今后的研究中也需要充分注意考虑两类因素。

（1）取样注意事项。如何确保所抽取的样品能够代表所涵盖的供应量？一个问题是农药残留在给定食物中的不均匀性。另一个问题是选择合适的抽样模式问题，即使假定是残留均匀的。鉴于分析方法通常是昂贵和耗时的，因此必须找到一种方法，通过最佳取样将分析的次数降至最低。随着食品的加工和均质化，取样越来越可靠。然而，并不是所有的食品都是经过加工的，人们可能也需要为初级产品和中间体开发出有意义的取样方法，除非存在令人信服的论据，否则不能将高度污染的批次排除在外，除非加工过程中的均质化确实消除了给定食品污染物超标的风险。

由 Ramsey 和 Ellison 编辑的 EURACHEM/CITAC Guide 中描述了根据抽样估算不确定度的两种主要方法。经验方法使用重复采样和分析，在各种条件下量化因素造成的影响，如采样目标中分析物的异质性和一个或多个采样方案应用中的变化，以量化不确定度（通常是其部分组分）。建模方法使用预定义的模型，该模型识别不确定度的每个组成部分，对每个组成部分进行估计，并将其相加以做出总体估计。

气候、成熟度、土壤条件等方面可能会对某些化学物质是否存在产生影响。这应该在食品取样或选择分析方法时予以考虑。当在食品生产链的不同阶段取样时，重要的是考虑食品加工对人们要关注的物质可能带来的影响，如清洗、去皮或烹调。在首次引入某化学物质后，在食品生产链的后期阶段测量其水平时，深加工的影响似乎较小。在某种程度上，该物质的存在可能会因匀浆作用而被稀释。然而，在家庭的加工阶段，处理起来可能仍然有很大的不足。

（2）分析注意事项。代表性样品取样后，所用分析方法的准确性很重要。当使用色谱技术分析食品中的农药残留时，共萃取的基质成分可能会导致严重的问题，包括定量不准确、方法耐用性降低、分析物的检出限低，甚至会导致错误报告。Eey 等首次描述的基质效应增强，可能是对 GC 和 HPLC 中某些分析物定量准确度产生负面影响的讨论最多的基质效应。理论上，消除基质中其他成分将克服这种负面影响；然而，实际上不可能进行彻底的样品净化。

在气相色谱分析中，由于在实际工作中不可能有效地消除基质效应增强的来源，分析人员通常尝试使用以下一种替代补偿方法来补偿这种影响：①使用标准加入法；②使用基质标；③使用内标或替代外表；④通过基质因子补偿计算结果。所有这些方法都需要额外的人力和成本，此外，它们仍然可能导致定量不准确，因为影响的程度取决于分析物浓度和基质组成。在欧洲，农药分析的监管指南要求使用基质匹配标准品，除非证明基质效应不影响信号，而在美国，环境保护署（EPA）和美国食品药品监督管理局（FDA）不允许将其用于涉及食品中农药残留的检测。克服这种负面影响最方便、最有效、最广泛接受的解决方案是添加分析物保护剂，它们保护共进样分析物免受降解、吸附。通过基质因子对样品提取物和无基质（溶剂）标准品的计算结果进行补偿，以在两种情况下均引起均一的响应增强，从而有效地均衡了基质引起的响应增强效果。

在 LC-MS 中，代表了目前测定极性或热不稳定性物质的主要分析技术，类似地，残留物共洗脱基质组分可能干扰检测过程。为了达到目标分析物检测的高灵敏度和高选择性，使用串联时间质谱（离子阱分析仪）或串联空间质谱（例如三级四极杆）的串联质谱（MS-MS）是大多数在痕量分析领域工作的专家的首选。在任何情况下，都必须注意补偿共洗脱基质对分析物信号的增强或抑制。

用于筛选或评估高含量物质的分析方法的精密度往往低于用于准确定量的方法，尤其是在低水平检测时。在不同时间点收集的数据可能受到方法改进的影响，但也受到实际组成变化的影响。需要考虑的另一个方面是实验室间的差异，这取决于相关分析员的专业知识以及设备和试剂的差异。不同实验室（甚至同一实验室重复分析）对同一样品中存在的同一化学物质进行测量，可能会导致不同的分析结果。

应选择符合自己检测目的的方法，需要根据具体情况平衡以下问题：来自不够敏感的方法的假阴性和未检测到潜在的问题与可能，通过极为敏感的方法寻找阳性结果，这些结果可提供与生物学无关的结果。

监督试验和工艺研究中使用的分析方法必须对基质和分析物进行验证。分析物将包括残留定义（强制和饮食摄入）中规定的试验和加工研究中需要测量的相关代谢物。分析回收率在 70% ~ 130%。将分析方法的定量限（LOQ）作为最低残留水平，在该水平下检测分析回收率，结果可接受。应通过分析来自代谢研究的样品检测残留物的可提取性，其中母体药物和代谢物的浓度已通过放射性标记（通常为 14C）测量得到。监测和执行还需要经过方法验证，这些方法适用于执行残留检测。此外，需要实验数据表明，至少在残留物试验和加工、牲畜饲养和代谢研究中储存样本的时间间隔内，母体农药和相关代谢物的残留物在冷冻储存期间保持稳定（北美农药行动网络）。用于储存的基质应代表研究中的基质。通常情况下，监督试验和研究中的储存条件和时间间隔会导致残留物下降超过 30%，这是不可接受的。

4.5 储存加工过程农药残留行为研究进展

农产品中残留的农药受到储存和加工的影响，而这一过程主要发生在农产品收获和进入餐桌供人们食用之前。大量的研究表明，农产品收获后在贮藏期间使用的化学农药，一般降解速度相对缓慢，而通过食品加工能够有效地去除化学农药。在大多数情况下，食品加工过程可大大降低食品中的农药残留水平，特别是通过清洗、去皮和烹饪等操作过程。因此，为减少人体农药残留的摄入量，在食用之前必须用水和各种家用或商用化学洗涤试剂对农产品进行清洗等操作；榨汁和去皮过程能够有效地去除农产品表皮上残留的化学农药，烹调食品有助于消解大部分农药残留，尤其是热不稳定性农药和水溶性较大的农药，在烹调过程中更易被去除。但加工过程去除食品中的农药残留主要受到食品类型、农药理化性质以及所采用的加工步骤等影响。因此，多种加工技术的组合可以有效地解决这一食品安全问题。

第5章 典型农产品加工过程农药残留行为研究

5.1 稻米加工过程中农药残留行为研究

当今世界，一半以上的人口以水稻作为主食，中国的稻米产量也占据了全世界产量的三分之一，在我国粮食作物生产中也位居第一。由于水稻生育期长，种植环境湿度较高，很容易遭受病虫害的侵害，导致农户在水稻种植过程中大量使用化学农药，农用化学品的滥用是造成大米食用安全的重要因素。有机磷农药在稻米生产上广为应用，从2007年起，中国已全面禁止在农业生产中使用甲胺磷、对硫磷、甲基对硫磷、久效磷、磷胺等5种高毒有机磷农药，乙酰甲胺磷作为替代高毒农药的一种主打产品而广泛应用于水稻等作物的害虫防治。乙酰甲胺磷又名高灭磷，作为内吸性杀虫剂，具有胃毒和触杀作用，按我国农药毒性分级标准，属于低毒农药，急性毒性小（大鼠急性经口 LD_{50} 为945mg/kg），其杀虫原理是抑制昆虫乙酰胆碱酯酶。但其代谢产物甲胺磷却属于高毒农药，毒性是乙酰甲胺磷的40多倍（大鼠急性经口 LD_{50} 为29.9mg/kg），在我国的相关标准中是不允许被检出的。因此，作物中使用乙酰甲胺磷可能存在甲胺磷残留风险。

对于乙酰甲胺磷和甲胺磷两种药剂残留在稻米中的健康风险评估尚未见报道，水稻从农田收割到餐桌食用过程中相关农药的全程规律研究亦不多见。国内外的研究主要集中在作物生长过程中乙酰甲胺磷和甲胺磷的残留降解动态。Lee 等研究了精米经过清洗、蒸煮等过程后毒死蜱及其降解产物 TCP 的残留量变化。研究发现加工过程中毒死蜱能够降解产生 TCP，在加工过程中能部分去除。Nakamura 等研究了在贮藏、蒸煮过程中敌敌畏、甲基毒死蜱、马拉硫磷、杀螟硫磷等有机磷农药和溴甲烷在稻米中的残留量，结果表明对稻米进行不同加工均可去除大部分的农药残留。Kaushik 等报道了蒸煮后稻米中农药残留的变化，发现农药残留均有显著降低。

5.2 番茄加工过程中农药残留行为研究

苯醚甲环唑（Difenoconazole）是由瑞士先正达公司最初开发生产的一类三唑类杀菌剂，属于甾醇脱甲基化抑制剂。化学名称为顺，反-3-氯-4-[4-甲基-2-(1H-1，2,4-三唑-1-基-甲基)-1,3-二噁戊烷-2-基]苯基-4氯苯基醚，分子式为 $C_{19}H_{17}C_{12}N_3O_3$；相对分子质量406.27，化学结构式如下：

番茄属于茄科植物，全世界范围内均有种植，是世界公认的健康食品。根据世界番茄组织的统计结果，2006年全球番茄总量约为3 000万吨，美国、欧盟国家和中国分列前三位。番茄的食用方法多样，既可以洗净当作水果生吃，也可经过烹调做成各种菜肴，还可以加工成多种番茄汁和番茄酱等。我国番茄种植及加工规模目前位列世界第三。自2006年起，我国已经成为全球最大的番茄制品出口国，2009年我国加工番茄产量占到全球总量的20%，番茄酱出口量占到全世界的三分之一。番茄种植过程中会发生多种病害，其中主要有早疫病、晚疫病等。苯醚甲环唑杀菌谱广、内吸性强，在番茄种植过程中使用量大。但有关苯醚甲环唑在番茄加工过程中农药残留的变化报道较少，多集中在单元加工过程中残留量的变化，系统的研究番茄加工过程中农药残留变化尚未见报道。Cengiz等研究发现清洗和去皮均能有效地去除番茄中的克菌丹和腐霉利残留量，清洗和去皮对番茄中克菌丹的去除效果差别不大，去除率均达90%左右。但对腐霉利的去除率清洗不如去皮操作，其原因可能是由于腐霉利具有内吸性。Chauhan等研究了清洗和热烫后清洗两种加工过程对番茄中高效氯氟氰菊酯的去除效果，发现热烫后清洗的去除率在74%~84%，而仅对番茄进行清洗的去除率为37%~40%，说明温度对农药的去除有显著的影响效果。

5.3　浓缩苹果汁加工过程中农药残留行为研究

苹果树是世界各国栽培的重要的果树之一，2002 年全世界苹果产量接近 6 000 万吨，占据世界水果总量的 12%。自 1992 年起，我国苹果的种植面积和产量就超过美国而名列世界第一，2002 年总产量达 2 000 多万吨。浓缩苹果汁是以新鲜苹果为原料，采用先进的冷榨技术和超高温瞬时杀菌工艺加工而成，它较好地保留了苹果的新鲜度、营养和天然风味，是目前苹果加工业的主要产品之一。每年果品加工过程中排放的苹果渣有几百万吨，在工业上可以被用来加工成饲料。随着生活水平的不断提高，人们对以苹果为原料的浓缩苹果汁的需求日益增加。随着竞争日益加剧，国际市场对产品质量的要求越来越高，发达国家对发展中国家出口产品设置了诸多技术壁垒，并制定了严格的限量要求，"农药残留"是制约浓缩苹果汁业发展的首要问题。同时随着健康意识的增加，国内消费者也对产品安全提出了更高的要求。

目前，我国浓缩苹果汁生产过程中的农药残留、棒曲霉毒素、耐热菌等有害物质超标问题仍然是制约苹果汁行业发展的瓶颈。自 2008 年"甲胺磷事件"以来，我国出口浓缩果汁中甲胺磷等有机磷类农药的残留检测更加严格。苹果加工过程中农药残留量将发生明显变化。Rasmussen 等研究了毒死蜱、氯氰菊酯、高效氯氟氰菊酯等 14 种高 Kow 农药在苹果中的分布，以及经过清洗、去皮、去核、榨汁等加工过程后农药残留量的变化，结果表明，14 种农药在苹果皮中的含量均高于其他部分，苹果汁中的含量要低于苹果浆中的含量，主要是因为苹果浆中固化物质含量多。经自来水清洗后，只有对甲抑菌灵显著的被除去 50% 残留量，去皮对所有农药的去除效果都很明显，其中毒死蜱、氯氰菊酯、溴氰菊酯和高效氯氟氰菊酯去除率达到 100%，榨汁对 14 种农药的去除率在 93%~98%。Chen 等研究了高压脉冲电场处理苹果汁后甲胺磷和毒死蜱的变化规律，研究结果发现电场强度和脉冲数对农药残留的去除影响较大，加大强度或脉冲数都能加速农药的降解，在处理过程中甲胺磷较毒死蜱稳定。Zhang 等研究了超声波处理苹果汁对马拉硫磷和毒死蜱残留量的变化规律，延长处理时间和加大处理强度都能加大马拉硫磷和毒死蜱的去除率，在经过 500W 处理 120min 后，马拉硫磷和毒死蜱的去除率分别达到 41.7% 和 82%，与农药的结构稳定性有一定的关系。

5.4 榨油对农药残留行为影响

植物油和固态脂肪是从各种水果、种子和坚果中提取的。根据农产品的不同，原料的制备可能包括去壳、洗涤、压碎或其他处理。榨油过程通常是机械的（水果的煮沸或离心，种子和坚果的压榨），或使用溶剂提取，如正己烷。煮沸后，撇去液体油；压榨后，过滤油；溶剂萃取后，原油分离，溶剂蒸发回收。石油加工的固体副产物通常经过处理（如干燥），然后再加工以生产其他产品，例如动物饲料、土壤改良剂、食品添加剂和肥皂。食用前，生产的原油通常要经过精炼处理，以去除其中不受消费者欢迎、影响产品稳定性或有毒的不想要的颜色、味道和芳香的不受欢迎的化合物。炼油包括脱胶、中和、漂白和除臭。

尽管大多数油脂含量较多的农产品中的农药残留不受洗涤过程的影响，但是油籽在去皮后的农药残留量很低，甚至无法检测到，这在田间应用的相关研究中已有报道。然而，采用机械或化学方法（溶剂萃取）的油脂提取工艺具有较高的理论浓度因子（从椰子油的 2.3 到柑橘油的 1 000），并且农药残留在食用油生产过程中的去向非常重要。

5.4.1 农药在未精制食用植物油中的残留行为

橄榄油是欧洲市场上比较重要的植物油，也是从橄榄油的提取过程来看更具特色的未精制植物油，可以称之为"处女"。未精炼橄榄油的提取过程包括橄榄的洗涤和研磨，在恒定温度（通常低于 30℃）下缓慢搅拌 30～90min 使生产的橄榄酱软化，以及通过压榨机或倾析机（离心系统）分离油。根据加工橄榄的品种和成熟度和采用的倾析提取技术，在软化和离心过程中可以添加额外的水，以更好地分离油和提高油产量。初榨橄榄油的理论加工因子范围很广（通常为 4～6），具体取决于橄榄果实的种类（油和水的含量）和用于榨油的倾析萃取技术。然而，水溶性杀虫剂，如乙酰甲胺磷、乐果、甲胺磷、氧化乐果和磷酰胺在橄榄油提取过程中进入水相，根据橄榄油提取过程中的含水量，只有一小部分被转移到油中（如乐果为 6.3%～8.8%）。其他水溶性较低的农药（甲基叠氮磷、噻嗪酮、毒死蜱、倍硫磷、溴氰菊酯、二嗪磷、硫丹、喹硫磷、λ-氯氟氰菊酯、杀扑磷，甲基对硫磷）发现在石油中浓度因子为 2～7，取决于农药残留的 Kow、提取过程的产油量和农药的挥发稳定性，以及在程序的软化阶段可能发生的水解和其他降解过程。橄榄油生产过程中的倍硫磷亚砜生成量约为初始倍硫磷的 5%，与采油过程中的加水量有关。然而，硫丹硫酸酯的形成与采油过程中的水分无关。

5.4.2　农药在精制食用植物油中的残留行为

在原油精制过程中，食用植物油中的大部分有机氯和有机磷农药可大幅度降低（浓度因子<0.1），但除虫菊酯农药仍有一定程度的残留。从原油精炼的四大工序（脱胶、中和、漂白、脱臭）来看，脱臭是最终产品中去除农药残留最多的工序。虽然碱中和在精炼过程中不会对有机氯和拟除虫菊酯产生影响，但据报道，在强化橄榄油的碱精炼过程中，有机磷农药可减少28%～50%。

漂白步骤通常用于物理和碱精炼，用于脱色和通过吸收去除不需要的化合物。通常的材料是漂白土或碳和炭材料与漂白土的结合。为了能够吸附最多的要去除组分，反应时间通常在 90℃ 下为 15～30min。在农药领域，据报道活性土漂白对从农产品中转移到原油中的大部分农药残留没有显著作用。然而，也有报道称，异狄氏剂和西玛津在漂白后的油中已完全被去除。Zayed 等人报告了富勒漂白土在 80～100℃ 漂白 10min 时可消除 20%的呋喃丹，Morchio 等人报告说，在多色化过程中，不同有机磷酸盐（乐果、二嗪农、顺反式磷酰胺、甲基对硫磷、马拉硫磷、倍硫磷和甲硫磷）的去除率从95%（二嗪农）到 30%（甲硫磷）不等。

油脂的脱臭主要是在真空下进行水蒸气蒸馏。在脱臭过程中，构成挥发物、味道和气味成分的残余游离脂肪酸、醛类和酮类可以从原油中去除。农药以及其他污染物，如低分子量的多环芳烃（PAHs）在这一点上可以被显著地消除。然而，尽管 Morchio 等人报告了精制橄榄油中有机磷酸酯的完全消除（95%）的情况，Hilbert 等人发现除臭步骤可减少易挥发的有机氯农药（α-六氯环己烷、林丹，六氯苯）的含量，使其低于检测限（5μg/kg），而较难挥发的有机氯农药（狄氏剂，P,P'-二氯联苯二氯乙烯，P,P'-1,1-二氯-2,2-双(对氯苯基)乙烯和多氯联苯在粗鱼油中的浓度降低到初始浓度的 50%左右。Ruiz Méndez 等（2005）还报告了在 260℃ 下橄榄油物理精炼过程的除臭步骤中，可以完全消除西玛津、硫丹、乙氧氟草醚和吡氟草胺。在豆油精制过程中添加 9 种拟除虫菊酯农药（除虫菊酯、氯氟氰菊酯、溴氰菊酯、氯菊酯、氯氟氰菊酯、氟缬氨酸盐，氰戊菊酯和氟氰菊酯，各 5mg/kg）所有农药大部分残留在脱胶、碱炼和漂白过程中的油中。在 260℃ 的除臭过程中，除虫菊酯的含量显著减少，而氯氟氰菊酯、溴氰菊酯，氯菊酯、氯氰菊酯和氯氟菊酯的含量均减少 50%。在相同条件下，氟胺氰菊酯、氰戊菊酯和氟氰菊酯的含量仅略有下降。

5.5 酒精饮料生产过程对农药残留的影响

5.5.1 葡萄酒酿造过程对农药残留的影响

酿酒过程从压榨葡萄开始，形成一个由液体（pH 值为 2.7~3.7 的酸性水液相）和固体（含有凝胶和酒渣的固相）组成的两相体系。接下来的步骤是发酵，这个过程可以在有或没有葡萄皮的情况下进行。在前一种情况下（用浸渍法），葡萄酒将用葡萄上的所有物质酿制；在后一种情况下（不用浸渍法），葡萄酒酿造过程将只包括通过果浆的残渣。葡萄渣（凝胶和酒糟）是酿酒过程中的主要副产品，传统上用于生产渣白兰地（或马克白兰地）和葡萄籽油。今天，它主要用作饲料或肥料。

葡萄酿造过程中农药的去向问题已被广泛研究。在大多数报告的数据中，葡萄上的农药残留（即烯唑醇、唑菌酮、腈苯唑、氟苯脲、氟西拉唑、勒芬脲、氟苯脲、肟菌酯）在一定水平上仍吸附在凝胶和酒糟（酿酒的副产品）上，并在发酵后以较低的比例转移到葡萄酒中，主要取决于农药残留在液体、凝胶和酒渣之间的初始配比。嘧菌酯、苯霜灵、苯菌灵、乐果、芬替米特、异菌脲、精甲霜灵、杀扑磷、腐霉利、嘧霉胺、甚孢菌素和虫酰肼这几种农药据报道会从葡萄中转移一定的量到葡萄酒中（20%~30%），且所有的苯菌灵都转移进葡萄酒中。然而，农药残留在葡萄酒酿造过程中的分配系数并不是决定农药残留去向的唯一参数，它主要取决于农药的 Kow 和水溶性。抑菌灵、乙菌利、灭菌丹、克菌丹、嘧菌胺和毒死蜱这些农药，它们在最终生产的葡萄酒中被去除已归因于压榨时间长短和发酵过程导致的农药降解。通常在酿酒过程中使用的酵母具有降解某些拟除虫菊酯和硫代磷酸盐类农药的能力（甲基毒死蜱、杀螟松，巴拉松，喹硫磷）。此外，酵母也会吸收一些农药，有助于在发酵结束时将农药从葡萄酒中去除。

5.5.2 白兰地加工过程对农药残留的影响

果渣白兰地是从果浆、酒糟（葡萄渣）或葡萄酒中蒸馏出来的酒。由于葡萄渣是制造果渣白兰地的主要原料，葡萄中大部分的农药也分布在果渣中，因此预计其中的农药会向最终的酒精饮料中转移。然而，尽管据计算在果渣白兰地制备过程中葡萄中农药残留的理论浓集因子在 10~574，但农药残留并未集中在最终食用产品中，这主要是因为它们具有一定的挥发性，在蒸馏过程中会阻碍其转移。在实验室规模进行的相关试验研究报道中，在葡萄酒的最终蒸馏酒中未检测到三乙膦酸铝、氯苯嘧啶醇、杀扑磷、腈菌唑、异菌脲、甲霜灵、三唑酮、甲基对硫磷和乐果的残留，而乙烯菌核利、倍硫磷、喹硫磷和苯霜灵以极低的百分比转移到最终的烈酒中（从酒糟中转移 0.1%~2%，从酒中转移 5%~13%）。蒸馏过程中农药残留量的显著减少可能是由于以下原因：酒精蒸气中的农药残留非常少，而水蒸气中的残留量则较高。

5.5.3　啤酒加工过程中农药残留行为研究

啤酒是世上最古老、普及范围最广的酒精饮料之一，是继水和茶之后消耗量排名第三的饮料。啤酒营养丰富，富含氨基酸、矿物质和维生素；同时也富含一些酚酸和黄酮类化合物等非营养物质。啤酒主要以大麦芽、酒花、水为原料，经酵母发酵作用酿制而成的饱含二氧化碳的低酒精度酒。这些原料的品质直接影响到啤酒的风味及品质。

大麦在储存过程中，如果温度和湿度控制不当，很容易造成虫害发生。因此，在储存过程中不可避免地需要使用敌敌畏等仓储农药进行杀虫和对仓库进行消毒，这个过程也很容易造成大麦中农药残留，经过制麦和酿造加工后，最后可能仍然造成啤酒中含有农药残留。据有关研究报道，麦芽经过糖化和水煮过程后，麦芽中农药是否可以进入麦汁中主要取决于加工条件，而往往存在于酒糟和麦渣中的农药主要是由于水溶性较低。如果麦汁中含有杀菌剂，会改变啤酒的风味，并且对消费者也有危害。每一步加工过程都经历了复杂的物理和生物化学的变化，这些变化如何影响大麦中农药残留，以及农药残留又会对啤酒造成怎样的影响我们知之甚少，因此有必要对此进行评估以指导我们的实践。

通常，在啤酒生产过程中，大麦和啤酒花中可能存在的农药残留会根据其 Kow 值转移到啤酒中。在发酵过程中，水溶性农药更容易转移到啤酒中，而更多的亲脂性物质保留在糖浆中，或通过添加的酵母的生物代谢，或通过在相对还原环境中的非生物过程降解。实际上，在制麦过程中，水的高稀释度和过滤过程的结合通常会导致啤酒中无法检测到农药残留。制麦过程导致大约 80% 的杀螟松，58% 的戊唑醇，48% 的氯苯嘧啶醇，22%~23% 的 Z- 和 E- 烯酰吗啉被去除，而溴虫腈、喹诺酮和哒螨灵的残留几乎全部被去除。制麦过程中拟除虫菊酯类农药残留也表现出较高的去除率。然而在最终生产的啤酒中，在酒花中检出的烯酰吗啉残留量约为原始水平的0.31%（未检测到戊唑醇、氯苯嘧啶醇、溴虫腈、喹诺酮和哒螨灵），啤酒中的草甘膦残留量约为大麦中原始水平的4%，久效磷的浓度低于原始浓度的1%，而腈菌唑的浓度低于0.009。

5.6 典型农产品加工过程农药研究结论

在农产品中或在其上残留的不同农药在不同食品制备过程中残留行为存在很大差异，几乎所有常见类别的农药残留量通过去皮（70%~100%），榨汁（73%~91%）和酒精饮料生产（大多数农药减少70%~100%）都有大量减少，用自来水清洗（22%~60%）的农药减少量较少。谷物碾磨和干燥过程可减少一定的农药（分别为58%~100%和57.5%~98%），并且应注意谷物碾磨中高Kow农药和烤箱干燥期间热稳定的农药。此外，在未精制油的生产中应特别关注最终产品中的残留水平，因为大多数脂溶性农药的农药减少量都很低（35%~78%），加工因子为2~7。烹饪后即食食品中的农药残留也应采取类似的考虑，因为所研究的农药和用不同烹饪方法（尤其是加热后加水或不加水）烹饪后减少量可能差异很大。本章中已发表的研究数据指出，蒸煮可以通过水解、热降解和酶促降解选择性地减少农药残留量。

目前有关储存和食品加工过程中可能形成的代谢物的文献有限，并且应根据本章所述机制在不同食品制备过程中，关注终产品中比母体化合物毒性更高的代谢产物（例如经过粉碎和较温和烹饪后，番茄中对酸敏感性农药会产生ETDC；在用臭氧水清洗农产品后以及果汁制作中有机磷农药会产生氧化产物；蔬菜汤等中的氧化产物）。针对不同的食品加工技术对农药的残留量有一个完整的结论总结，这是非常重要的，也是当务之急。研究结果将进一步使人们能够开展饮食中实际暴露于农药残留的健康风险特征研究，能够确定食品中农药残留的最大残留限量或加工因子，并进一步根据加工过程中农药残留的变化来优化食品加工技术。

第6章 农产品收贮运过程农药残留研究

　　中国农产品产业发展迅猛，尤其近 20 年；我国水果产量迅速增加。据国家统计局统计资料显示，截至 2013 年，我国水果总产量达到 25 093 万吨（含瓜果），果园面积 12 371.35 千公顷，连续多年位居世界农产品生产大国之首。但是产后贮藏保鲜却远远没有跟上种植的发展，由于保鲜技术的落后与整体产销脱节及区域性零散化经营的模式，使得产后损失率高达 25%～30%，而发达国家的损失率则普遍控制在 5% 以下。气调贮藏保鲜法和冷藏保鲜法是延长农产品采后寿命和货架期最有效的方法，但都需要大量的设备和条件，对技术要求较高、投资大，不易在我国广大的农村和分散式的经营条件下实施。保鲜剂、防腐剂、添加剂因设备投资小、使用成本低、操作简便易行等优点仍是水果产后防腐保鲜的主要手段。

　　《农产品包装和标识管理办法》中对保鲜剂、防腐剂、添加剂进行了定义。保鲜剂是指保持农产品新鲜品质，减少流通损失，延长贮存时间的人工合成化学物质或天然物质；防腐剂是指防止农产品腐烂变质的人工合成化学物质或者天然物质；添加剂是指为改善农产品品质和色、香、味以及加工性能加入的人工合成化学物质或者天然物质。农产品保鲜剂、防腐剂、添加剂主要分为人工合成化学物质和天然物质两大类，与天然物质相比，人工合成化学物质因其设备简单、投资小、成本低、使用简便、效果好等优点在农产品产前、产中、产后贮藏保鲜环节使用最为广泛。

　　但是这也催生出一些不法商贩为使农产品的卖相好看，保持新鲜水嫩状态，违法添加或滥用保鲜剂、防腐剂、添加剂，使得农产品质量安全事件屡次发生。如"毒"水果、甲醛白菜、蓝矾韭菜和硫磺生姜、海南毒豇豆、药袋苹果等，导致农产品质量安全问题日益突出并成为消费者普遍关注的核心问题。

6.1 水果中保鲜剂、防腐剂、添加剂的应用进展

6.1.1 人工合成化学物质

（1）农药

最早 Smith 等于 1907 年提出，在洗涤水中加入少量硫酸铜、高锰酸钾或甲醛，可以减少柠檬褐色腐烂病的传染。硼砂（四硼酸钠）是第一个在全世界广泛实验并普遍认可的化学保鲜剂，但由于其使用后会产生大量含硼废水，后来逐渐被弃用。第一代化学保鲜剂、防腐剂、添加剂于 20 世纪 20 年代中期至 60 年代中期广泛被使用，主要有硼砂、碳酸钠、二氧化硫、邻苯基苯酸钠、仲丁胺、联苯、2,4-二氯苯氧乙酸、氨及胺化合物、氯硝铵等。二氧化硫用于水果始于 1925 年，主要用于贮藏保鲜新鲜葡萄。20 世纪 60 年代后期苯并咪唑类杀菌剂及其衍生物被广泛使用，如多菌灵、噻菌灵、苯菌灵、甲基托布津、苯莱特等，它们的使用很大程度地延长了农产品产后的贮藏寿命。苯莱特是 1967 年由美国杜邦公司研制的，主要用于抑制柑橘类水果青霉病、苹果腐烂、热带水果炭疽病等，是一种高效、广谱的内吸性杀菌剂。但是自 20 世纪 80 年代以来，随着苯并咪唑类杀菌剂的大量使用，使得柑橘类水果中的青霉菌、绿霉菌等对其产生了抗性，导致此类杀菌剂的应用受到限制。因此也使得一批新型抑菌剂得到应用和发展，主要有抑霉唑、咪鲜胺、异菌脲（扑海因）、双胍盐等，是新一代触杀型杀菌剂，对冠腐病、青霉病、炭疽病、绿霉病有很好的防治效果。

（2）植物生长调节剂

植物生长调节剂属于农药中的一类，主要用于调节植物的生长发育，包括人工合成的化合物和从生物中提取的天然植物激素。2,4-二氯苯氧乙酸是目前在果蔬保鲜中应用最多的一种，经常和多菌灵、噻菌灵、咪鲜胺等混合使用。

（3）乙烯抑制剂

乙烯能促进果蔬的成熟和衰老，为了延长果蔬产品的贮藏寿命并保持新鲜，应尽可能地抑制器官内源乙烯的合成或阻止乙烯发挥作用。其中，1-甲基环丙烯（1-MCP）是目前应用最为广泛的一种。1-甲基环丙烯（1-MCP）于 1994 年首次被证实能够抑制乙烯敏感型农产品后熟，起到延缓衰老的作用，2002 年 7 月 17 日美国政府环境署允许其在苹果商业贮运中应用，使用

后检测不到残留。

（4）乙烯吸收剂

包括物理吸附剂、氧化分解剂、触媒型脱除剂。在乙烯吸附剂中，起吸附作用的主要有活性炭等，高锰酸钾、溴、触媒（铁、贵重金属等）则起到分解作用。

（5）涂被保鲜剂

涂被保鲜剂因其简单、方便、造价低等优点，在水分含量较高的果蔬贮藏保鲜中得到了较为广泛的应用。主要是用蜡等成膜物质包裹在果蔬表面使其成膜，以减少果蔬的水分损失，抑制呼吸，同时增加果蔬表面光洁度，提高商品质量。19 世纪 30 年代，美国最早开发并使用果蜡，我国于 20 世纪 80年代末引进这项技术。

（6）气体调节剂

主要是用来调节果蔬贮藏环境中的气体成分（氧气、二氧化碳），以达到人为改变环境气体组分，调控果蔬的呼吸速率的目的，包括脱氧剂和二氧化碳发生剂、脱除剂。涉及的成分主要是氯化钠、碳酸氢钠、氯化亚铁、硫酸亚铁、活性炭等。这类制剂往往和包装材料一同使用，如低密度聚乙烯薄膜袋、聚丙烯薄膜袋等配合使用，能够取得较好的效果。

（7）湿度调节剂

果蔬在收获后的贮藏保鲜运输过程中，为了保持其商品价值、延长贮藏期，通常需要保持一定的环境湿度。很多商家会采取在塑料薄膜包装内放置水分蒸发抑制剂或者防结露剂的方法来调节。聚丙烯酸钠是最常用的湿度调节剂。国外从 20 世纪 60 年代就开始将聚丙烯酸钠用于多种食品的增稠、增筋和保鲜，我国也于 2000 年正式将其纳为食品添加剂——增稠剂。

6.1.2　天然物质

人工合成化学类物质的安全性一直是大家关注的焦点，而天然农产品保鲜剂、防腐剂、添加剂因其天然、绿色、无污染等优点，在今后是一个重要的研究领域。天然物质主要可以分为微生物源、植物源、动物源三类。微生物源天然物质中乳酸菌细菌素（Nisin）、纳他霉素（Natamycin）和曲酸（Kojic acid）的应用最为广泛。我国物种资源丰富，尤其是植物资源。而且，植物的抗菌效果和安全性已逐渐在实践中被证实。植物源农产品保鲜剂、防腐剂、添加剂可分为五大类：一是精油类，其主要化学成分有脂肪族化合物、芳香族化合物、烯类化合物以及含氮含硫合物；二是酚类，因其结构中含苯环并连有羟基，能有效延缓氧化作用；三是生物碱类，生物碱具有良好的抗菌防腐作用；四是抗毒素类，植物抗毒素是植物在对抗病原菌入侵时由寄主细胞产生的抑制病原菌生长的物质；五是有机酸类，有机酸类化合物在中草药的叶、根，特别是果实中广泛分布。动物源农产品保鲜剂、防腐剂、添加剂品种较多，其中溶菌酶、鱼精蛋白、壳聚糖、蜂胶等都已经广泛应用于实际生产中。

6.2 水果中保鲜剂、防腐剂、添加剂残留分析研究进展

目前，水果中保鲜剂、防腐剂、添加剂的残留分析还没有专门的标准或者分析方法，大部分保鲜剂、防腐剂、添加剂的残留检测是参考农兽药、食品添加剂。果蔬中使用的保鲜剂、防腐剂、添加剂有相当一部分是农药中的杀菌剂，而农药残留分析是农产品质量安全检测的一项重要指标。近年来，气相色谱（GC）、气相色谱-质谱（GC-MS）、高效液相色谱（HPLC）、液相色谱-串联质谱（LC-MS/MS）、超临界流体色谱（SFC）、毛细管电泳色谱（CE）、酶联免疫吸附（ELISA）以及生物传感器等分析技术已经成为当前主要的农药残留分析技术。同时，日益先进的残留分析检测技术也对样品的前处理提出了更高的要求。所以，开发快速、准确、安全、高效的样品前处理新技术也是研究热点。目前已经开发并被广泛应用于实际操作的前处理方法有固相萃取（SPE）、固相微萃取（SPME）、基体分散固相萃取（MSPD）、凝胶渗透色谱（GPC）、超临界流体萃取（SFE）、加速溶剂萃取（ASE）、微波辅助萃取（MAE）。这些前处理方法相比传统的索氏提取法、液-液萃取法已经有了很大进步，大大缩短了处理时间和试剂耗材的浪费。但这些方法均很难同时对绝大多数农药达到较高质量的提取分析。QuEChERS是近年来国际上最新发展起来的一种用于农产品检测的快速样品前处理技术，其原理与高效液相色谱（HPLC）和固相萃取（SPE）相似，都是利用吸附剂填料与基质中的杂质相互作用，吸附杂质从而达到除杂净化的目的。QuEChERS方法操作简便；溶剂使用量少、污染小、价格低廉且不使用含氯化物溶剂；分析速度快，可分析的农药范围广，包括极性、非极性的农药种类均能利用此技术得到较好的回收率；回收率高，精确度和准确度高，在近些年的检测分析中得到广泛应用。

6.3　水果中"三剂"的来源

目前我国尚未形成系统的"三剂"生产体系。市面上流通的"三剂"有的来源于食品添加剂生产企业，有的来源于农药生产企业，有的来源于化工产品生产企业；电子商务平台销售也日益增多；还有的属于农民根据实际生产劳作经验自主配制，产品品种繁多、良莠不齐，没有统一的生产标准。

6.3.1　来源于食品添加剂生产企业

一部分"三剂"，如柠檬酸、仲丁胺、二氧化氯等来源于食品添加剂厂家生产，可在食品添加剂厂家及食品添加剂市场购买。目前在国家食品药品监督管理总局登记备案的食品添加剂生产许可获证企业为 3 148 家（截至 2014 年 12 月 31 日），具体企业信息见表 6-1。我国对食品添加剂生产企业实行"生产许可证制度"，由国家质量监督检验检疫总局总负责许可证的颁发和监督管理工作。

表 6-1　食品添加剂生产许可获证企业（3 148 家）

序号	地区	省区	食品添加剂生产许可获证企业数量
1		北京	60
2		天津	132
3	华北	河北	33
4		山西	25
5		内蒙古	24
6		江苏	386
7		浙江	234
8		安徽	87
9	华东	福建	128
10		江西	69
11		山东	422
12		上海	170
13		河南	231
14	华中	湖北	104
15		湖南	91
16		广东	383
17	华南	广西	102
18		海南	17

（续表）

序号	地区	省区	食品添加剂生产许可获证企业数量
19		黑龙江	57
20	东北	辽宁	60
21		吉林	50
22		重庆	33
23		四川	99
24	西南	贵州	18
25		云南	46
26		西藏	0
27		陕西	26
28		甘肃	22
29	西北	青海	8
30		宁夏	10
31		新疆	21
合计		31	3 148

6.3.2 来源于农药生产企业

一部分"三剂"，如多菌灵、噻菌灵、咪鲜胺等来源于农药厂家，可在农药生产厂家及农资商店购买。目前在工业和信息化部登记备案的农药产品生产批准许可企业数量共计 898 家（截至 2014 年 12 月 31 日），具体企业信息见表 6-2。依据《农药管理条例》，我国的农药登记和监管工作由国务院农业行政主管部门负责，生产（包括原药生产、制剂加工和分装）农药和进口农药，必须进行登记，严格执行农药登记制度。

表6-2 农药产品生产批准证书获证企业（898家）

序号	地区	省区	农药产品生产批准证书获得企业数量
1		北京	22
2		天津	32
3	华北	河北	64
4		山西	21
5		内蒙古	4

（续表）

序号	地区	省区	农药产品生产批准证书获得企业数量
6		上海	29
7		山东	139
8		江苏	101
9	华东	浙江	46
10		安徽	54
11		福建	22
12		江西	52
13		河南	35
14	华中	湖北	20
15		湖南	37
16		广东	19
17	华南	广西	35
18		海南	6
19		黑龙江	20
20	东北	辽宁	10
21		吉林	16
22		重庆	23
23		四川	35
24	西南	贵州	10
25		云南	11
26		西藏	0
27		陕西	22
28		甘肃	3
29	西北	青海	2
30		宁夏	4
31		新疆	4
合计		31	898

6.3.3 来源于其他渠道

"三剂"中很大一部分产品属于非食品添加剂、也非农药的分类。如盐酸、过氧化氢等化学试剂，工业氯化镁、工业火碱等工业投入品，这类保鲜剂、防腐剂、添加剂可在相关的化学试剂厂家、销售商、工厂购买。另外，还有很多保鲜剂、防腐剂、添加剂产品由多种试剂组分复配，此类保鲜剂、防腐剂、添加剂产品有的是正规公司正规生产，也有很大一部分为小作坊生产或农户自行生产，其用法、用量不明，质量不达标，部分产品有剧毒，对消费者身体健康造成极大的威胁。此部分为保鲜剂、防腐剂、添加剂质量安全问题多发的重灾区，需要大力监管。部分“三剂”信息见表6-3、表6-4。

表6-3 食品及农产品中可能违法添加的非食用物质名单

名称	可能添加的食品及农产品品种
苏丹红	脐橙
工业用甲醛	白菜、娃娃菜
工业用火碱	海参、鱿鱼等干水产品、生鲜乳
一氧化碳	金枪鱼、三文鱼
工业硫磺	白砂糖、辣椒、蜜饯、银耳、龙眼、胡萝卜、姜等
荧光增白物质	双孢蘑菇、金针菇、白灵菇、面粉
工业氯化镁	木耳
磷化铝	木耳

表6-4 部分”三剂”商品

商品名称	生产商	备注
“果鲜堡”生物保鲜剂	广东省肇庆市科创农业科技有限公司中国科学院华南植物园联合研制	国家科技支撑计划课题《新型保鲜剂的研发和应用技术》的产业化项目
“鲜峰”	山东营养源食品科技有限公司	—
“绿达”牌的CT系列	天津绿达保鲜工程技术有限公司	—
亚硫酸盐葡萄保鲜剂	天津绿达保鲜工程技术有限公司	通过了中国绿色食品发展中心认证，符合A级绿色食品生产资料
碧护	德国研制	有效成分：天然赤霉素、吲哚乙酸、芸苔素内酯等
“真绿色”系列保鲜剂	珠海真绿色技术有限公司	国内首家获准国家登记和生产许可的保鲜产品
维鲜	比利时杨森制药公司	适用作物：香蕉、荔枝、杧果、葡萄等作物
天然杀虫剂3AEY	英国公司 Eden Research	可以杀死葡萄孢属真菌，但对蜜蜂无害

6.4　水果中"三剂"使用现状

6.4.1　仁果类、核果类、橘果类水果

苹果、柑橘、梨等水果均属大宗且贮藏期较长的品种，在入库贮藏前多经过一定前处理，如打蜡、浸果处理等。

主要存在的问题：

（1）杀菌剂。为防止柑橘、梨等水果采后腐烂，在采后用多菌灵、甲基托布津等杀菌剂浸果，可以有效杀灭病原微生物，提高贮藏期。

（2）保鲜剂。柑橘采后用保鲜剂浸泡处理较常见，多在采后 24h 内进行处理。采用的处理液多为保鲜剂和防腐剂的混合液，如百可得加 2,4-二氯苯氧乙酸，浸果后贮藏期可延长至 4~5 个月。农资店中可买到聪明鲜（1-MCP，用于苹果）、百可得（双胍三辛烷基硫磺盐，用于柑橘）等水果保鲜剂。

（3）果蜡。苹果、柑橘等水果使用果蜡较为常见，使用果蜡后可不使用其他保鲜剂，贮藏时间可达 8~9 个月。

6.4.2　浆果类水果

浆果类水果多柔软多汁，采后易失水，不易贮存。如葡萄，在常温下贮藏 1~2d 即会发生果柄萎蔫、褐变、果粒脱落、皱皮及腐烂情况。由于多数浆果类水果接触水后更易感染微生物，因此一般不采用浸果方式进行处理。

主要存在的问题：

（1）防腐剂。如植酸用于草莓保鲜，可以延缓果实中维生素的降解，保持果实中可溶性固形物和含酸量，常温下能保鲜 7d，低温冷藏可保鲜 15d，好果率达 90%~95%。

（2）保鲜剂。如二氧化硫（焦亚硫酸钠）。二氧化硫是国内外用于葡萄防腐保鲜的主要物质，常用的二氧化硫释放剂是焦亚硫酸钠，此外市面上还有 S-M 和 S-P-M 水果保鲜剂，原理也是把熏蒸性的防腐保鲜剂密封在聚乙烯塑料袋中，让其放出二氧化硫。

6.4.3　热带水果

香蕉、菠萝等热带水果由于其产地温度较高，产品采后易腐烂，为延长

产品上市周期，一般在八成熟时采收，在贮藏环节中使用一些必要的保鲜剂，在上市销售前采用催熟剂催熟，用以长途运输。

主要存在的问题：

（1）保鲜剂。如二氧化硫，荔枝在采后运输前采用二氧化硫气体熏蒸，或直接加热硫磺熏蒸。

（2）催熟剂。如乙烯利。杧果属于后熟水果，且在保鲜过程中不能接触水，否则极易腐烂。调研中发现存在使用乙烯利催熟杧果的情况。也有在杧果包装盒中放入经水湿润的乙烯吸附剂（商品名为蓓特鲜，主要成分为β-环糊精），通过其吸附杧果在后熟过程中释放的乙烯，从而达到保鲜效果，由于其不直接与杧果接触，是一种相对比较安全的保鲜方法。

"三剂"使用具体情况见表6-5。

表6-5　水果中保鲜剂、防腐剂、添加剂使用情况

水果	保鲜剂、防腐剂、添加剂使用情况
柑橘类	2,4-二氯苯氧乙酸及其钠盐、双胍三辛烷基苯磺酸盐（杀菌剂）、咪鲜胺和咪鲜胺锰盐、抑霉唑、多菌灵、托布津、甲基托布津、果蜡、噻菌灵、苯菌灵、仲丁胺
脐橙	苏丹红、咪鲜胺、抑霉唑、苯菌灵、多菌灵、2,4-二氯苯氧乙酸、甲基托布津、甲醛、二氧化硫、特克多、扑霉灵、双胍三辛烷基苯磺酸盐
蜜橘	咪鲜胺、丙环唑、异菌脲、抑霉唑、苯菌灵、多菌灵、2,4-二氯苯氧乙酸、甲基托布津、甲醛、二氧化硫
草莓	亚硫酸钠、二氧化硫、敌敌畏、烯酰吗啉、硫丹、植酸、山梨酸、过氧乙酸、壳聚糖
葡萄	波尔多液、代森锰锌、咪鲜胺、二氧化硫、虫胶、淀粉膜、仲丁胺、焦亚硫酸钠、硬脂酸钙
梨	多菌灵、异菌脲、甲醛、百菌清
苹果	波尔多液、多菌灵、甲基托布津、氯化钙、碳酸钙、噻菌灵、异菌脲、果蜡、虎皮灵（乙氧基喹啉）、仲丁胺、对氯苯氧乙酸（生长调节剂）、苯菌灵、
荔枝	噻菌灵、2,4-二氯苯氧乙酸、抑霉唑、扑霉灵、扑海因、乙磷铝、苯菌灵、咪鲜胺、多菌灵、苯菌灵、柠檬酸、二氧化硫、稀盐酸（助剂）、次氯酸钠、山梨酸盐
龙眼	噻菌灵、仲丁胺、抑霉唑、咪鲜胺、多菌灵、甲基托布津、苯甲酸、2,4-二氯苯氧乙酸、赤霉素、苯菌灵、二氧化硫
杧果	苯菌灵、噻菌灵、咪鲜胺、多菌灵、乙烯利（生长调节剂）、苯菌灵、
香蕉	咪鲜胺、异菌脲、甲基托布津、特克多、扑海因、抑霉唑、乙烯利、明矾
杨梅	苯甲酸钠、山梨酸钾
鲜枣	糖精钠、甜蜜素、丙酸钙、山梨酸钾、苯甲酸、多菌灵、百菌清
水蜜桃	氯化钙（保脆）、脱落酸（生长调节剂、保鲜）、异菌脲、苯菌灵、噻菌灵、氯硝胺（杀菌剂）、扑海因（杀菌剂）、多菌灵、仲丁胺、二氧化氯、霜霉威、甲基托布津、甲醛、二氧化硫、柠檬酸

6.5　国家标准规定允许在水果中使用的"三剂"

6.5.1　GB 2760—2014 食品添加剂使用标准

于 2015 年 5 月 24 日实施的 GB 2760—2014《食品安全国家标准食品添加剂使用标准》中，共有 17 种允许在新鲜水果和经表面处理的鲜水果的食品添加剂（表 6-6），取消了 GB 2760—2011 中允许使用的 4-苯基苯酚、2-苯基苯酚钠盐、辛基苯氧聚乙烯氧基、乙萘酚、仲丁胺（2-AB）（表 6-7）。

表 6-6　新鲜水果中允许使用的食品添加剂（GB 2760—2014）

食品添加剂名称	功能	食品名称	最大使用量（g/kg）	残留量
巴西棕榈蜡 Carnauba wax	被膜剂 抗结剂	新鲜水果	0.0004	以残留量计
对羟基苯甲酸酯类及其钠盐 Methyl p - hydroxy benzoate and its salts	防腐剂	经表面处理的鲜水果	0.012	以对羟基苯甲酸计
2,4-二氯苯氧乙酸 2, 4 - dichlorophenoxy acetic acid	防腐剂植物生长调节剂除草剂	经表面处理的鲜水果	0.01	残留量≤2.0mg/kg
二氧化硫，焦亚硫酸钾，焦亚硫酸钠，亚硫酸钠，亚硫酸氢钠，低亚硫酸钠	漂白剂防腐剂抗氧化剂	经表面处理的鲜水果	0.05	最大使用量以二氧化硫残留量计
桂醛 Cinnamaldehyde	防腐剂	经表面处理的鲜水果	按生产需要适量使用	残留量≤0.3mg/kg
聚二甲基硅氧烷 Polydimethyl siloxane	被膜剂	经表面处理的鲜水果	0.0009	
联苯醚（又名二苯醚） Diphenylether（diphenyloxide）	防腐剂	经表面处理的鲜水果（仅限柑橘类）	3.0	残留量≤12mg/kg
硫代二丙酸二月桂酯 Dilauryl thiodipropionate	抗氧化剂	经表面处理的鲜水果	0.2	

（续表）

食品添加剂名称	功能	食品名称	最大使用量（g/kg）	残留量
吗啉脂肪酸盐果蜡 Morpholine fatty acid salt fruit wax	被膜剂	经表面处理的鲜水果	按生产需要适量使用	
山梨醇酐单棕榈酸酯 （又名司盘40）				
山梨醇酐单硬脂酸酯 （又名司盘60）				
山梨醇酐叁硬脂酸酯 （又名司盘65）				
山梨醇酐单油酸酯 （又名司盘80）				
山梨酸及其钾盐 Sorbic acid, Potassium sorbate	防腐剂抗氧化剂稳定剂	经表面处理的鲜水果	0.5	以山梨酸计
松香季戊四醇酯 Pentaerythritol ester of wood rosin	被膜剂胶姆糖基础剂	经表面处理的鲜水果	0.09	
稳定态二氧化氯 Stabilized chlorine dioxide	防腐剂	经表面处理的鲜水果	0.01	
乙氧基喹 Ethoxy quin	防腐剂	经表面处理的鲜水果	按生产需要适量使用	残留量≤1mg/kg
蔗糖脂肪酸酯 Sucrose esters of fatty acid	乳化剂	经表面处理的鲜水果	1.5	
紫胶（又名虫胶） Shellac	被膜剂胶姆糖基础剂	经表面处理的鲜水果（仅限柑橘类）	0.5	
		经表面处理的鲜水果（仅限苹果）	0.4	

表6-7　新鲜水果中取消使用的食品添加剂（GB 2760—2014）

食品添加剂名称	功能	食品名称	最大使用量（g/kg）	残留量
4-苯基苯酚 4-phenylphenol	防腐剂	经表面处理的鲜水果（仅限柑橘类）	1	残留量≤12mg/kg

（续表）

食品添加剂名称	功能	食品名称	最大使用量（g/kg）	残留量
2-苯基苯酚钠盐 Sodium 2-phenylphe-nol	防腐剂	经表面处理的鲜水果（仅限柑橘类）	0.95	残留量≤12mg/kg
辛基苯氧聚乙烯氧基 Octylphenol polyoxy-ethylene	被膜剂	经表面处理的鲜水果	0.075	
乙萘酚 β-naphthol	防腐剂	经表面处理的鲜水果（仅限柑橘类）	0.1	残留量≤70mg/kg
仲丁胺（2-AB） Secondary butyamine	防腐剂	经表面处理的鲜水果	按生产需要适量使用	柑橘（果肉）≤0.005mg/kg；荔枝（果肉）≤0.009mg/kg；苹果（果肉）≤0.001mg/kg

6.5.2　GB 2763—2019 食品中农药最大残留限量（2020-2-15 实施）

新标准 GB 2763—2019《食品安全国家标准食品中农药最大残留限量》由国家卫生健康委员会、农业农村部、国家市场监督管理总局三部门联合发布，将替代原有国家标准 GB 2763—2016 和 GB 2763.1—2018。新标准 GB 2763—2019 除前言外，主体部分依然是由范围、规范性引用文件、术语与定义、技术要求、索引五大部分组成。新标准 GB 2763—2019 规定了 356 种（类）食品中 483 种农药共 7 107 项最大残留限量。相比标准 GB 2763—2016，范围更广，涉及面更宽：①增加了 2 967 项农药最大残留限量，修订了 28 项农药最大残留限量，并规定了 109 种农药在肉、蛋、奶等 27 种居民日常消费的动物源性农产品中 703 项最大残留限量，大大丰富了农药残留量的涵盖范围；②新增人参、杨梅、冬枣等 119 种特色小宗作物 804 项限量标准，总数达到 1 602 项，为保障特色产业安全、有序发展提供了新依据；③豁免制定食品中最大残留限量标准的农药名单（附录 B）用于界定不需要制定食品中农药最大残留限量的范围。修订了规范性附录 B，增加了 11 种农药；④修订了食品类别及测定部位（附录 A），增加了羽扇豆等 22 种食品名称，修订了 7 种食品名称，修订了 2 种食品分类。

新标准 GB 2763—2019 规范性引用文件共涉及 192 个检测方法，相比标准 GB 2763—2016 和 GB 2763.1—2018，增加了 45 项检测方法标准，删除了 17 项检测方法标准，变更了 9 项检测方法标准。新标准 GB 2763—2019 首次新增加 GB 23200.113《食品安全国家标准植物源性食品中 208 种农药及其代谢物残留量的测定气相色谱-质谱联用法》、GB 23200.108《食品安全国家标准 植物源性食品中草铵膦液相色谱—质谱联用法》等检测方法作为指定检测方法。其中，GB 23200.113—2018 为首次使用色相色谱-串联质谱联用法（GC-MS/MS）检测植物源性食品中多农药残留的国家标准，可用于复杂基质中一次性定性、定量检测 208 种目标化合物；GB 23200.108—2018 为首次发布的检测植物源性中草铵膦的国家标准。同时提出，在配套检测方法中选择满足检测要求的方法进行检测。新标准 GB 2763—2019 发布后，新发布实施的食品安全国家标准（GB 23200）同样适用于相应参数的检测。新标准中，每种农药的技术要求均由主要用途、ADI 值、残留物、最大残留限量表、检测方法构成。相比标准 GB 2763—2016 和 GB 2763.1—2018，主要变化如下：①增加了蔬菜、水果中农药残留限量值的数量，而且首次将动物肉类、动物内脏、动物脂肪、蛋类、生乳等动物源性食品中 109 种农药最大残留限量值纳入其中；②增加了 2,4-滴二甲胺盐等 51 种农药，删除了氟吡禾灵 1 种农药，其最大残留限量合并到氟吡甲禾灵和高效氟吡甲禾灵；③将二氰蒽醌等 17 种农药的部分限量值由正式限量修改为临时限量，将草铵膦等 12 种农药的部分限量值由临时限量修改为正式限量；④对原标准中 2,4-滴异辛酯等 6 种农药残留物定义，阿维菌素等 21 种农药每日允许摄入量等信息进行了修订；⑤修订了代森联等 5 种农药的中、英文通用名。相比标准 GB 2763—2016，新标准 GB 2763—2019 不仅仅是增加了蔬菜、水果中农药残留限量值的数量，而且首次将动物肉类、动物内脏、动物脂肪、蛋类、生乳等动物源性食品中 109 种农药最大残留限量值纳入其中。其中，增加了 2,4-滴二甲胺盐等 51 种农药；删除了氟吡禾灵 1 种农药，其最大残留限量合并到氟吡甲禾灵和高效氟吡甲禾灵；将二氰蒽醌等 17 种农药的部分限量值由正式限量修改为临时限量。相比标准 GB 2763—2016，新标准 GB 2763—2019 在农药数量、食品类别/名称、检测方法均有一定程度的增加，丰富了农药残留的涵盖范围。新国标大大扩展了食用农产品质量安全保障范围。

6.5.3　GB/T 8321.1—8321.9（2000—2009）农药合理使用准则

农药合理使用准则是为指导农民科学、合理、安全使用农药，保护环境，保障人体健康而制定的。在已经发布实施的 9 项标准中，规定了 6 种农药的 6 种产品的不同剂型在香蕉、柑橘、杧果上的使用准则（表 6-8）。

表 6-8　农药合理使用准则中可用于水果贮藏病害防治的农药

通用名	商品名	剂型及含量	适用作物	防治对象	稀释倍数	施药方法	安全间隔期	最高残留限量 MRL (mg/kg)
异菌脲 Iprodione	扑海因	25%悬浮剂	香蕉	贮藏病害	167 倍液 800mg/L	喷雾	—	全果 10
		45%悬浮剂	香蕉	贮藏病害	300~450 倍液 1 000~1 500mg/L	浸果	10d	全果 10
噻菌灵 Tiabendazole	特克多 Tecto	45%悬乳剂	香蕉	贮藏病害	600~900 倍液 500~750mg/L	浸果	14d	果肉 0.4
		45%悬浮剂	柑橘	贮藏病害	300~450 倍液 1 000~1 500mg/L	浸果	—	全果 10
双胍辛胺乙酸盐 Iminoctadine-triacetate	百可得 Bellkute	40%可湿性粉剂	柑橘	贮藏病害	1 000~2 000 倍液 200~400mg/L	浸果	60d	全果 1 果肉 0.8
		45%乳油	杧果	贮藏病害	450~900 倍液 500~1 000mg/L	浸果	7d	柑橘类 5
咪鲜胺 Prochloraz	扑霉灵 Mirage		杧果	贮藏病害	250~1 000 倍液 250~1000mg/L	浸果喷雾	20d	2
		25%乳油	柑橘	炭疽病	500~1 000 倍液 250~500mg/L	浸果	14d	柑橘 5 橘汁 0.5
咪鲜胺及其锰盐 Prochloraz-manganesechloride	—	50%可湿性粉剂	杧果	炭疽病	500~2 000 倍液 250~1 000mg/L	浸果或喷雾	10d	2
		50%可湿性粉剂	柑橘	炭疽病	1 000~2 000 倍液 250~500mg/L	浸果	15d	5
抑霉唑 Imazalil	戴唑霉 Decozil	22.2%乳油	柑橘	青绿霉菌	444~888 倍液 250~500mg/L	浸果	60d	全果 5 果肉 0.1
	万利得 Magnate	50%乳油	柑橘	贮藏病害	1 000~2 000 倍液 250~500mg/L	浸果		

注：安全间隔期即处理后距离上市时间。

6.6 水果中"三剂"质量安全现状分析

新鲜水果中保鲜剂、防腐剂、添加剂质量安全问题主要集中在杀菌剂、保鲜剂、防腐剂以及生长调节剂的超量及超范围添加，包括产前农药在产后贮藏保鲜过程中的应用。问题比较严重的水果有柑橘、荔枝、杧果、葡萄、杨梅、梨等。从环节上看主要集中在农产品贮运环节和产地初加工环节。贮运环节的"三剂"质量安全问题主要为保鲜剂、防腐剂的超量及超范围使用；初加工环节的"三剂"质量安全问题主要为违法添加，包括违法使用漂白剂、染色剂等。

"三剂"在使用过程中存在的主要问题包括：

（1）无相关标准限量而使用。目前多半在现实中使用的保鲜剂、防腐剂、添加剂都没有制定针对性限量标准，无标准可依的问题较严重。

（2）超量添加。部分有标准可依据的保鲜剂、防腐剂、添加剂，未严格按照标准使用，存在残留超标的问题。

（3）超范围添加。有的产前农药和食品添加剂在产前环节或食品中有标准，但并未允许在产后用作贮藏保鲜环节；有的允许在一种产品中使用但被用于多种其他产品，存在超范围使用的情况。

（4）添加国家明令禁止在农产品中使用的保鲜剂、防腐剂、添加剂。

（5）化学试剂及工业投入品的非法添加。为达到特殊的目的而使用的不应在农产品中添加的物质，包括化学试剂及农户或小作坊复配的保鲜剂、防腐剂、添加剂产品，很多具有强毒性，严重危害消费者身体健康。

（6）复合性产品安全性堪忧。部分保鲜剂、防腐剂、添加剂产品是由多种物质复配而成，其安全性尚不明确，需进一步验证。

第7章 手性农药残留分析研究进展

某些手性农药在作用于动物体、生物体或者微生物体后，也可能会和生物体中的某些手性物质发生手形识别，或者在生物体中的某个手性环境中发生选择性代谢、选择性降解，或者对映体之间发生相互转化等。除了生物体中的某些物质会对手性农药产生选择性作用之外，手性农药也会对生物体中的某些物质产生作用，进而影响食品的品质。因此，探索手性农药在环境中的环境行为和在生物体中的选择性作用规律，以及喷施手性农药对食品品质的影响，对合理的使用手性农药，以及食品加工生产实践，都发挥着十分重要的指导作用。

7.1 手性及手性农药的概述

手性（Chirality）就像人们的左手和右手具有相似性，两者之间互为镜像结构，存在着相互对映关系，但是却不能重合。

首次将"手性"的概念引入化学领域的人是一位法国科学家路易斯·巴斯德（Louis Pasteur），1848 年 Louis Pasteur 在显微镜下发现酒石酸盐存在两种不同的结晶形态的晶体，经过旋光度的测定，这两种晶体分别能使偏振光发生左旋和右旋，由此可知酒石酸分子中存在两个空间结构互为镜像关系的晶体。1904 年 Lord Kelvin 认为不能与其镜像完全重合的任何一个点群或者几何构型均具有手性，并将这一概念命名为"手性"。

从化学结构上来看，一个分子的结构中碳（C）、氮（N）、硫（S）、磷（P）等原子连接着不同集团、原子或者电子对时，并且和这个中心原子相连接的四个基团、原子或者电子对具有互为镜像的空间结构时，这种分子就叫"手性分子"。在手性分子中分子式相同但是空间结构互为镜像但并不重合的两个分子互称"对映体（Enantiomer）"。在平面偏振光下，能使一束平面偏振光逆时针（向左）偏转的对映体为左旋体，前缀用 "–" 来表示，同理在平面偏振光下，能使一束平面偏振光顺时针（向右）偏转的对映体为右旋体，前缀用 "+" 来表示。当右旋体和左旋体的组成比例为 1∶1 时，这种混合物被称为"外消旋体（Racemate）"，外消旋体不会引起偏振光的偏转。一般情况下，手性分子的手性碳原子的空间构型，以 S（来源于拉丁文 sinister，记为左）和 R（来源于拉丁文 rectus，记为右）来进行表示。一般情况下，在非手性环境中，手性分子的对映体之间的化学性质和物理性质都是相同的，但是由于手性分子的对映体之间有着不一样的空间构型，从而会导致手性分子的对映体和目标位点的分子有可能发生选择性作用，通常情况下，它们在毒性、生物活性和环境行为等方面的作用有较大差异。

人们在认识手性化合物的毒性差异的道路上曾经付出了惨重代价，20 世纪 60 年代手性药物"反应停"，是西方国家开发的一种为了缓解孕妇妊娠反应用于医药上的手性药物，这种药的 R 体对孕妇有镇静安眠的作用，但 S 体却对胚胎有较强的致畸作用，因为当时人们对手性药物的认识还并不深入，导致在短短的 4 年内，全球诞生了数万名畸形婴儿。随后发现另有其他手性药物也存在毒性差异，如氯胺酮、乙胺丁醇等。针对这个问题，美国 FDA（美国食品和药物管理局）在 1992 年颁布了一则规定《手性药物指导规则》，这条规定明确说明了，新的手性药物上市时，必须要明确这种手性药物的每一对映体的药理、药效和毒性。随之，手性问题受到了越来越多的科研工作者的关注。

"反应停"事件之后，手性问题不仅在医药行业备受关注，而且在农药领域人们也对其进行了深入的研究。手性农药在农业生产中发挥着重要的作用，用于除草、虫和病害，但同时不容忽视的是有一些手性农药的对映体之间的活性和毒性差异也非常显著。典型的例子之一就是异丙甲草胺，其 R 体对小鼠具有致突变作用，但是其 S 体却具有较好的除草活性。和手性药物一样，手性农药的对映体之间的活性和毒性也存在显著差异，需要将其每一对映体逐一进行研究，只有从对映体水平对手性农药的功效和毒性展开研究，才能正确而全面地对其进行安全风险评估，进而为农药安全使用和食品安全食用的研究提供可靠的依据以及指导。

7.2　手性农药的立体选择性行为研究

农药和其他有机化合物一样，当手性农药作为杀虫、杀螨、杀菌和除草剂被施用到作物上，直接或间接进入环境（水、土壤和大气）、植物体和动物体中后，会发生一系列的化学、生物以及物理反应（比如水解、富集、吸附、迁移、氧化、土壤微生物降解以及生物代谢等），主要包括滞留、迁移和转化，从而产生一系列环境和生态效应。这些反应会在生物过程和非生物过程中发生，在非生物因素（如光、热以及化学因子等）的影响下，手性农药会发生非生物降解，手性农药的对映体之间同步变化。然而当在生物过程中发生时，在生物因素（酶解以及发酵等）的参与下，手性农药的对映体之间往往会产生不同的环境行为，使其所占比例不再相等，手性农药对映体比例发生变化的这个过程就叫作手性农药的立体选择性行为。

正常情况下，手性农药会以对映体混合物的形式存在，在非手性环境中，手性农药对映体之间的物理化学性质差异很小，而在手性环境中，手性农药的对映体异构体会在降解、转化、运输及吸收等方面存在一定的差别，表现出不同的环境行为特征。而且，手性农药的有效生物活性往往只存在它的一个或少数几个对映体中，这些对映体在环境中的降解趋势以及毒性也会有显著的不同。因此在对映体水平上研究手性农药的环境行为，能够更准确地评估手性农药的毒性和生物活性，以及手性农药的造成的生态风险，对鲜食农作物和加工食品的安全风险评估，对人类健康造成的不良影响。因此，在对映体水平上，进行手性农药的相关研究是十分必要的，有着理论和实际的应用价值。

7.2.1　手性农药发生立体选择性的判别指标

判别手性农药是否发生立体选择性降解的三个判别指标分别为：ER（Enantiomer Ratio，对映体比例）、ES（Enantiomer Selectivity，对映体选择性）和 EF（Enantiomer Fraction，对映体分数）。

ER 值（Enantiomer Ratio，对映体比例）的定义为：$ER = R/S$，即为第一个出峰的对映体的峰面积或浓度与第二个出峰的对映体的峰面积或浓度的比值，ER 的范围为 0 到正无穷，当 $ER = 1$ 时，说明该手性农药没有发生选择性降解，为外消旋体。

ES 值（Enantiomer Selectivity，对映体选择性）的定义为：$ES = (k1 - k2)/(k1 + k2)$，k1 和 k2 表示当手性农药对映体的降解基本上符合一级动力学方程的降解规律时，某一对映异构体的降解速率常数。ES 的范围为 0~1，当 ES 值等于 0 时，表明这个手性农药的对映异构体没有发生立体选择性降解，ES 值越大，说明该手性农药发生立体选择性降解越显著，当 ES 值等于 1 时，说明该手性农药具有绝对的立体选择性。

Harner 等提出，在环境化学的领域里，相比较于 c. p.［定义为：c. p. = $R/(R+S)$］来说，用 EF 值（Enantiomer Fraction，对映体分数）来判别手性农药的立体选择性更具有意义，EF 值的定义为：$EF = E1/(E1+E2)$，EF 值的范围为 $0~1$，E1 表示谱图中第一个出峰的对映体峰面积或浓度，E2 表示谱图中第二个出峰的对映体峰面积或浓度，当手性农药的 $EF=0.5$ 时，表示该手性农药没有发生立体选择性降解。

7.2.2 手性农药在水体和土壤中的立体选择性降解行为

有机磷农药在水体中的立体选择性降解研究较多，六六六（Hexachloro-cyclohexane，HCH）便是其中之一，其中最早是 Faller 等对北海海水有机物污染中分离测定了 $\alpha-HCH$ 和 $\gamma-HCH$ 的浓度，计算其对映体比例，证实了手性农药六六六在环境中具有立体选择性降解特性，而且初步分析了六六六立体选择性降解的原因是北海海水中的微生物群的作用导致的。之后，周志强团队也对 HCH 在土壤和蚯蚓体内的立体选择性降解做了相关的研究，试验结果表明，在富集和降解的过程中，土壤和蚯蚓中 $\alpha-HCH$ 的 EF 值小于 0.5 且持续降低，表明 $\alpha-HCH$ 在土壤–蚯蚓系统中存在明显的立体选择性降解。

土壤是陆地生态系统的物质循环和能量交换的中心，是最重要的环境要素之一，也是生物圈的重要组成部分。农药在施用后会直接或间接地进入土壤中，并发生一系列反应及变化。农药在土壤中的环境行为，主要是其滞留、迁移和转化的过程，包括被土壤吸附富集，向大气挥发扩散，被光解、水解，被农作物吸收以及被微生物降解等一系列复杂过程。不同地区的土壤和不同种类的土壤对同一种农药的立体选择性降解影响不同，Sun 等对手性农药茚虫威在不同土壤中的立体选择性降解做了相关的研究，研究结果表明在碱性土壤中 S 体优先降解，而在酸性土壤中，其 R 体优先降解。Carrison 等对手性农药 2,4-D 丙酸对映体在不同处理的土壤中的立体选择性降解做了相关研究，结果表明在未灭菌的土壤中其 S 体优先降解，在灭菌后的土壤中未发现该手性农药有显著的选择性降解。由此可知，手性农药 2,4-D 丙酸在土壤中发生立体选择性降解的起因是土壤中的微生物和酶的作用。Li 等对手性农药三唑酮和三唑醇在土壤中的选择性降解进行了相关研究，试验结果表明，三唑酮在酸性土壤中的降解速率显著大于在碱性土壤中的降解速率。由该研究结果可知，手性农药所处环境的 pH 值会影响手性农药的选择性降解。

由以上研究结果可知，土壤中是存在手性环境的，而土壤质地、微生物和酶的种类以及数量、pH 值等都有可能会对手性农药选择性降解有显著影响。

7.2.3　手性农药在植物体中的立体选择性降解行为

手性农药对映体不仅在水体和土壤中会发生选择性降解，而且在植物体中也可能选择性降解。目前，关于手性农药对映体在植物体内的选择性降解研究的报道也逐渐增多。Zadra 等对手性农药甲霜灵在向日葵体内的选择性降解进行了相关研究，研究结果表明，R-甲霜灵和 S-甲霜灵在向日葵叶片中的降解半衰期分别为 24d 和 21d，但是在第 85d 时甲霜灵对映体的 ER 值为 0.065，这表明甲霜灵的 R 体浓度远大于 S 体的浓度，这可能是农作物向日葵体内的某种酶类有助于 S 体的降解。Liu 等探索了手性农药氟虫腈的立体选择性降解，具有低活性高毒性的氟虫腈 R 体在白菜中的降解速率显著高于其 S 体的降解速率，其中氟虫腈的 S 体相比于其 R 体活性更高，毒性比其 R 体低。Wang 等对苯霜灵在黄瓜中的选择性降解进行了相关研究，研究结果表明，苯霜灵在黄瓜中发生了显著的选择性降解，其 S 体优先降解。Sun 等探究了手性农药马拉硫磷在农业生产中的立体选择性降解情况，该研究选择了 5 种经常喷施马拉硫磷的农作物为研究对象的载体，该项研究结果表明，手性农药马拉硫磷在油菜、白菜和甜菜中出现了显著的立体选择性降解，在油菜和白菜中其 S 体降解速率显著高于其 R 体的降解速率，在甜菜中其 R 体降解速率较快，然而马拉硫磷在水稻和小麦中没有出现显著的立体选择性降解。

手性农药除了在农作物种植过程中会发生立体选择性降解之外，在农作物的加工过程中也有可能会发生选择性降解，尤其是在酶解和发酵等有微生物和酶参与的过程。周志强课题组建立了酵母发酵液、苹果汁、葡萄糖、泡菜、酸奶和发酵面粉等食品发酵体系，进行了多种手性农药在食品发酵体系中的选择性降解研究，并检测了相关代谢产物，其中禾草灵在蔗糖溶液、葡萄汁中以及白菜的腌制过程中，其 S 体的降解速率显著高于其 R 体的降解速率，禾草灵在酸奶中没有显著的立体选择性降解行为。另外，禾草灵在蔗糖中的降解速率显著大于在葡萄汁中的降解速率。研究结果表明，不同的手性农药在同一发酵体系有不同的选择性降解行为，同一种手性农药在不同的发酵体系也会产生不同的选择性降解行为。Pan 等发现手性农药苯酰菌胺在葡萄酒的发酵过程中发生了显著的选择性降解，R-苯酰菌胺和 S-苯酰菌胺的在葡萄酒发酵过程中的降解半衰期分别为 45.6h 和 52.9h，结果表明，在葡萄酒的发酵过程中，R-苯酰菌胺的降解速率快于 S-苯酰菌胺的降解速率，出现 R-苯酰菌胺优先降解的行为。

但同时也有很多手性农药在植物体中并未表现出显著的立体选择性降解行为的报道。比如 Garrison 等发现水生植物伊乐藻和野葛可以加速手性农药 DDT（中文名滴滴涕，英文名 Dichlorodiphenyl trichloroethane）的降解，但是其对映体在这两种水生植物中并未发生显著的立体选择性降解。

由以上研究结果可知，手性农药在植物体中也可能会发生选择性降解行为，但是同一种农药在不同的农作物中的降解行为不同。

7.2.4 手性农药在动物体中的立体选择性降解行为

Qiu 等对甲霜灵在兔子体内的选择性降解进行了相关的研究，研究结果表明，甲霜灵在兔子的肝、肾和血浆中 S 体的降解速率显著大于 R 体的降解速率，该结果表明甲霜灵对映体在兔子体内具有显著的立体选择性降解。同时，已唑醇和戊唑醇在大鼠肝脏中其右旋体半衰期比较长，即其左旋体发生优先降解。Xu 等发现手性农药乙氧呋草黄在大鼠肝脏中具有选择性降解行为，但是同样条件下其在鸡的肝脏中并未发生选择性降解。

第8章 农药对农作物品质影响的研究

除了环境中的微生物以及生物体中的酶会对农药的降解及转化产生作用之外，农药也会对生物体中的某些物质产生作用，进而影响食品的品质。农药改变寄主农作物的营养成分和化学组成，已有相当多的报道，有研究表明，农药被喷施于农作物上之后，会与农作物体内的内含物酶、糖、蛋白质、氨基酸等发生相应的反应，这些反应会破坏该农作物正常的生理活动，从而影响蔬菜的品质。某些农药对农作物体内的酶有很强的抑制作用，影响酶的活性。作为植物体中的保护性酶，POD 酶（过氧化物酶）对活性氧清除及控制膜脂过氧化水平起着十分重要的作用，李钦等发现有机磷农药会抑制紫菜中 POD 酶的活性，造成细胞活性氧的积累，从而对农作物体内的其他易氧化的风味物质和营养物质造成一定影响和伤害，进而影响农作物的品质。

8.1 农药对农作物品质影响的研究进展

研究表明，农药对农作物品质的影响会因农作物的种类、农药的种类、农药浓度、施药次数以及施用时期等而异。据统计，大多数农药对其施用的农作物的生理生化具有负效应，不过也有少数农药使用后对农作物的生长、产量及品质具有促进作用。

胡井荣研究发现施用大多数的农药都会降低水稻叶片中可溶性糖的含量以及氨基酸含量，差异一般在药后 10~20d 比较明显，而农药对水稻中粗蛋白含量的影响却会因农药种类而异。由此可见，不同种类的农药对同一种农作物品质的影响是不同的。李晓华等发现喷施农药后，小白菜和花椰菜中的可溶性糖含量显著降低、而芹菜和生菜中的可溶性糖含量无明显变化，小白菜、花椰菜和生菜中的可溶性蛋白、维生素 C、脯氨酸含量均显著降低，而这些营养物质在芹菜喷药前后无显著变化。由此可见，同一种农药对不同农作物品质的影响不同。王力钟等研究了 Strobilurin 类杀菌剂烯肟菌胺对黄瓜的生理活性及品质影响，试验结果表明，在经烯肟菌胺处理后，黄瓜的叶片中可溶性糖和叶绿素的含量均有提高，而且 SOD 酶活性也稍有增加，另外，黄瓜果实中可溶性糖与干物质含量增加。由此可见，喷施的烯肟菌胺在一定程度上改善了黄瓜果实的口感和品质。马冲等研究了乙烯利对番茄成熟度和风味品质的影响。该研究结果表明：在乙烯利的推荐使用剂量下，番茄中的番茄红素含量降低了 8.77% ~ 9.78%，维生素 C 的含量降低了 4.35% ~ 5.89%，可溶性固形物的含量降低了 2.45% ~ 3.17%；随乙烯利使用剂量的增大，番茄成熟品相和品质所受影响的程度也增大。由此可见，农药的施药浓度对农作物的品质也会产生一定的影响。

郗丹等研究了农药对葡萄酒香气的影响，葡萄酒的香气成分是评判葡萄酒品质的一个重要指标，据研究报道，葡萄酒中的香气是由 800 多种挥发性风味物质组成的，这些挥发性风味物质决定着葡萄酒的风味和典型性，并且直接影响着消费者对葡萄酒的感官评价和喜好，其中糖苷类香气前体对葡萄酒的香气贡献作用最大。农药残留不仅会影响葡萄酒中挥发性芳香物质的合成，同时也会影响葡萄酒中酵母菌的正常代谢，不利于硫化物以及含氮化合物的转化，从而对葡萄酒的品质产生不良影响。由此看来，研究农药对农产品品质影响对提高农产品的安全食用及营养品质具有十分重要的意义。

8.2　农产品品质评价常见指标

苹果品质的评价指标主要有苹果的果实外形、理化指标、营养物质的种类和含量、挥发性风味物质种类和含量四大类，其中果实外形包括横切直径、单果重、果实硬度和果形指数等，营养物质包括糖、酸、维生素、类胡萝卜素等，理化指标包括可溶性固形物含量、可滴定酸、pH 值等，挥发性风味物质主要是指苹果中的香气成分和不良风味物质，香气成分主要包括乙酸乙酯、乙酸丁酯、丁酸乙酯等酯类或醇类物质。

苹果中主要的糖类有果糖、蔗糖和葡萄糖，相对于其他营养物质来说其糖类含量最高，有机酸含量也相对较高，另外糖酸比也是苹果品质的重要评判指标之一。研究发现，苹果果实发育的后期，苹果中蔗糖含量的升高主要是由苹果中有关酶合成量的增多和酶活性的升高引起的，除此之外，苹果中的糖含量还与施肥、喷洒农药、施用植物生长调节剂等有关。

苹果中已经鉴定出来的香气物质数量超过 300 种，王海波等研究检测发现了苹果中的醇类、酯类、醛类、酮类等 136 种挥发性风味化合物，其中相对含量在 1% 以上的香气成分有：乙酸乙酯、乙酸丁酯、乙酸己酯、丁酸乙酯、(E)-2-己烯-1-醇、(Z)-3-己烯醛、丁酸-2-甲基乙酯等，其总含量占测定到的挥发性芳香物质总量的93.81%，是苹果样品的主要香气成分。其中有一些虽然浓度低，但是对苹果的特征香味贡献率较大，比如2-甲基丁酸乙酯，而(E)-2-乙烯醛能够加强苹果的香气程度，乙醇能改善苹果的香气质量。苹果中的香气种类较多，主要是醇类和酯类化合物，其占比为6%~60%，其中含量最高的是$C_2 \sim C_8$化合物，比如乙醇、己醇、丁醇、乙酸、丁酸、己酸等。

8.3　评价食品品质差异的检测技术

电子鼻又被人们称为气味扫描仪，是一种利用模拟动物嗅觉器官，快速检测食品中的挥发性风味物质的高科技仪器。电子鼻由气敏的传感器、信号处理系统、模式识别系统组成，工作机制为利用气敏传感器和模式识别系统快速提取和识别被测样品的信息，经过特定的数据结果分析，来指示被测样品的隐含特征。电子鼻采用人工智能技术（Artificial intelligence），实现了由仪器嗅觉对被测样品进行客观全面的分析。

电子舌是一种模拟人的舌头识别味觉的机制，以多传感阵列为基础，主要由味觉传感器阵列、信号采集系统、模式识别系统3个部分组成，它通过对被测样品进行感知和识别，用多元统计方法对所得的数据进行处理分析，从而快速地反映出样品的可被嗅觉查知的物质的信息，实现对样品的识别和分类。

基于电子鼻和电子舌在检测中简便、灵敏、应用范围广等的优越性，现已广泛应用于环境监测、药品工业、食品检测、医疗卫生和公共安全等领域。王瑞花等利用电子鼻和气相色谱串联质谱等技术，进行了葱姜蒜复合物对炖煮猪肉风味物质的影响的研究，裴姗姗利用电子鼻、电子舌及其融合技术对柑橘品质进行了相关研究。

顶空固相微萃取—气相色谱—质谱技术（Solid Phasemicroextraction-Gas-Chromatography-Mass Spectrometry，SPME-GC/MS）常被应用于分析各种挥发性风味物质。传统的溶剂萃取方法对于风味物质的萃取、分离及检测存在萃取时间长、溶剂用量大、成本高等缺点，顶空固相微萃取—气相色谱—质谱联用技术在一定程度上克服了传统萃取方法的缺点，是快速、无损的优良萃取方法。国内外众多学者应用固相微萃取-气质联用技术进行了竹笋、豆酱、苹果酒、辣椒油、香菇等多种食品的风味检测的研究。

飞行时间质谱（Time of Flight Mass Spectrometer，Q-TOF），是一种新型的高分辨质谱，由于其极高的精准度，所以无论在鉴定、筛查、分析还是对复杂样品进行定量分析，飞行时间质谱与普通质谱相比都具有较大优势。朱海林采用基于 HPLC-QTOF-MS/MS 的组学技术，结合主成分分析和正交偏最小二乘法分析等多变量统计分析方法，对测试样品山参和园参的品质差异和差异物质进行研究，Xie 等利用 UPLC-QTOF/MS 对诱导应激大鼠模型进行尿代谢组学研究，进行标志物筛查。

第9章 农药对非靶标生物毒性影响的研究

化学农药对农林牧业的增产增收以及人类传染病的预防和控制都发挥了非常重要的作用,是现代农业生产尤其是高效农业不可缺少的生产资料。自从农药首次用于控制农业生产中的害虫和杂草以来,人们就一直担心它们可能对人类、环境、生物产生毒性,当前已有越来越多的证据表明,随着化学农药的使用,蜜蜂和其他授粉媒介生物受到影响,甚至有灭绝的风险。本章将主要以非靶标昆虫蜜蜂作为对象,介绍农药对非靶标生物的毒性。

9.1 农药对蜜蜂疾病的研究进展

蜜蜂是最重要的一类授粉昆虫,既然属于昆虫,那么杀虫剂的使用可能会伤害它们。另一方面,除草剂降低了农业景观中花卉的丰度和生物多样性,蜜蜂在集约化农业实践中食物资源贫乏,故导致蜜蜂的生长受到影响。然而,近年来,养蜂人和科学家的关注点已转移到寄生虫、病毒、微生物疾病的流行和影响上,这些疾病被认为是当前世界范围内蜜蜂大部分群体消失的罪魁祸首。蜜蜂中的疾病并不是什么新鲜事物,但是人类偶然转移病原体和寄生虫会加剧蜜蜂疾病的传播和有害影响,使蜜蜂暴露于它们无法抵抗的天然拮抗剂中。有记录的养蜂历史悠久,在某些时期会出现大量蜂群的消亡。在这方面,群体内的遗传变异对于抗病性、内分泌平衡、体温调节、对寄生虫的防御以及群落整体的适应性都很重要。

必须提出的问题是,为什么疾病和寄生虫在最近几十年变得更加普遍?到目前为止,几乎唯一的答案是灭蚁螨(mite Varroa destructor)在世界范围内的传播,它最初是亚洲蜜蜂(*Apis ceranae*)的寄生虫,但在20世纪中叶传播到远东的欧洲蜜蜂(*Apis mellifera*),这是两种共域物种。这种螨的韩国单倍型备受大家关注,并且由于在国家和大洲之间的贸易惯例以及由于蜂箱进行授粉的影响而迅速传播。由于这种寄生虫是几种蜜蜂病毒的媒介,包括急性蜂麻痹病毒(ABPV)、以色列麻痹病毒(IAPV)、克什米尔蜂病毒(KBV)和变形翼病毒(DWV),因此这种新寄生虫在世界各地的迅速传播被认为是蜜蜂中病毒性疾病增加的原因。

据报道，蜂群衰竭失调（CCD：Colony Collapse Disorder）的特征是冬季大量蜂群消亡，一般是由于工蜂消失或蜂王不孕而导致成年蜜蜂种群骤减。这已经被证明是由于 *V. destructor* 和病毒病原体的组合导致的，因为只有病毒本身不会导致蜂群大量死亡，主要是由于 *V. destructor* 螨虫和病毒病原体同时存在于蜜蜂体内造成蜂群大量死亡。DWV 和 ABPV 在瓦罗亚螨到达英国之前被称为蜜蜂病毒，但很少引起导致群体死亡的临床症状。与引起急性致死性感染的病毒不同，引起无症状感染的病毒在蜜蜂种群中非常容易传播，实际上，DWV 就是这种情况，它几乎总是存在于世界各地的蜜蜂种群中。这种独特的螨虫/病毒关联通过宿主免疫介导的协同作用，极大地影响了蜜蜂的病毒景观和 DWV 毒力，这通常是蜜蜂群落消亡的基础。广泛的病毒感染使群落面临爆炸性病毒增殖的危险，这可由任何进一步破坏宿主免疫屏障的应激因素触发，尤其是已经受到 DWV 感染负面影响的 NF-kB 控制下的那些免疫屏障。

因此，病毒感染的传播是一个关键问题，不仅对于蜜蜂。在蜜蜂物种中，媒介螨可以通过"漂移"和"抢劫"进入非新生代群体的蜜蜂来散布和侵袭其他群体。尽管其中一些病毒也会影响大黄蜂，但种间病原体的传播似乎主要起源于受管理的蜜蜂群体，物种之间的传播是通过共用花朵来实现的。

然而，变异和病毒并不是蜜蜂死亡的唯一原因。肠道微孢子虫 *Nosema ceranae*（另一种从亚洲跃迁到欧洲蜜蜂中的病原体）引起的感染也对蜜蜂产生影响，一些研究者因此宣称在西班牙殖民地蜜蜂的死亡率很高仅仅是由于这种病原体导致的。此外，它还可以感染野生大黄蜂。*N. ceranae* 可显著抑制免疫应答的蜜蜂，改变了蜂箱中工蜂的行为，缩短了幼虫被感染后成年蜜蜂的寿命，并降低了觅食者的归巢能力，如果蜜蜂对群体需求的反应失去灵活性，可能会导致群体消亡。在大黄蜂中，这种寄生虫会导致被感染工蜂的高死亡率。与螨虫一样，似乎失败的蜂群不仅含有微孢子体（Nosema），还含有病毒，而仅存在一种病原体会导致隐秘效应或无病理症状。

自从 1995 年在美国和 1998 年在欧洲的蜜蜂群中首次发现 *C. ceranae* 以来，大约在这些国家引入新烟碱（乙酰胆碱受体的强效激动剂）的同时，人们就新型杀虫剂和病原体之间可能的联系提出了疑问。研究发现，当感染微孢子虫的蜜蜂接触到新烟碱类吡虫啉时，它们无法使用葡萄糖氧化酶对群落和育雏食物进行灭菌，从而促进了这种病原体在群落中的传播。此外，感染

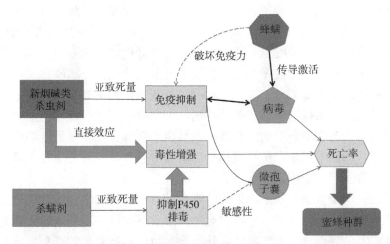

图 9-1　杀虫剂，寄生虫和病原体应激物之间的相互作用与蜜蜂群体崩溃有关
单个蜜蜂（虚线矩形）暴露于相互作用的压力源。侵染由瓦螨促进病毒的复制和不断
升级的免疫抑制，这可有利于通过其他病原体如感染微孢子虫。亚致死剂量的杀虫剂
（如新烟碱和氟虫腈）可增强这种对寄生虫/病原体协会对蜜蜂健康的不利影响。这显
著促进了免疫抑制，并加剧了致命的后果。此外，麦角固醇抑制性杀菌剂（EIF）和
某些杀螨剂抑制了细胞色素 P450 单加氧酶介导的排毒系统，增强了大多数杀虫剂的
毒性，同时显然增加了对 Nosema 感染的敏感性。

了猪笼草的蜜蜂暴露于致死剂量的氟虫腈（破坏 GABA 调节的氯离子通道的
苯基吡唑）或新烟碱类噻虫啉比未暴露的蜜蜂出现了更高的蜜蜂死亡率，但
令人惊讶的是，这种协同作用并没有抑制昆虫的排毒系统。由于暴露于亚致
死剂量吡虫啉的群落中饲养的蜜蜂体内病原体生长的增加是剂量依赖性的，
因此很明显该杀虫剂可以促进微孢子虫感染。为了解释这一点，Aufauvre 等
人发现氟虫腈和吡虫啉抑制蜜蜂的免疫相关基因，从而导致微孢子虫感染蜂
箱的更高的死亡率。最近的一项研究还表明，食用亚致死剂量的某些杀真菌
剂残留物（即百草枯和农作物花粉中存在的百菌清和吡菌胺酯）的蜜蜂的微
孢子虫（Nosema）感染的可能性要比未食用这种蜜蜂的蜜蜂高出 2 倍。即使
病原体存在于健康群落中，蜜蜂通常也可以通过其天然免疫系统来应对。只
有当蜜蜂接触到农药应激源——包括在梳子中发现的用于 Varroa 治疗的产品
的残留物，它们才无法控制感染，可能会死亡。此外，最近的一项研究发
现，蜂箱中杀菌剂残留物的存在与蜜蜂群体病毒之间存在显著的相关性。
　　虽然杀虫剂似乎抑制了蜜蜂的免疫系统，但杀菌剂对微孢子虫感染发挥

亚致死作用的机制尚不清楚。先前的实验室研究表明，麦角甾醇抑制类杀菌剂（EIF），如咪鲜胺、三氟苯唑和丙环唑可以抑制蜜蜂细胞色素 P450 单加氧酶解毒系统，从而使啶虫脒和噻虫啉的急性毒性增加数百倍，氟谷酸、扑螨磷和灭草灵的急性毒性增加数倍。而生产上氟谷酸、扑螨磷和灭草灵用作治疗蜂箱中的 Varroa 螨虫，所以它们与杀菌剂残留是蜜蜂生长过程中的一个真正难题。这些杀螨剂单独或与杀虫剂（如吡虫啉）联合使用对蜜蜂的活动性和觅食行为产生不利影响。看来，香豆磷、百里香酚和甲酸能够改变某些代谢反应，从而干扰单个蜜蜂或整个群落的健康，包括解毒途径，负责细胞反应和发育基因的免疫系统成分。

将农药与蜂群崩溃联系起来的困难在于，蜜蜂对化学残留物的暴露通常处于亚致死水平，并且取决于影响这种多因素综合征的不同应激因素的存在和强度，其诱导作用是可变的。此外，蜜蜂由于具有复杂的群落结构，也不是研究新烟碱作用的最佳模型。即使可以证明吡虫啉对个体蜜蜂具有致命的慢性毒性，但对野外生存的影响很难在田间试验中评估，除非使用完全交叉因子设计分析数据和同时考虑多个压力源影响的数学模型。使用这种模型，布赖登人证明了单个大黄蜂（熊蜂）暴露于吡虫啉会导致群落功能受损，直至衰竭。受影响的不仅是工蜂：噻虫嗪或可比丁胺的暴露与锥虫体肠道寄生虫（Crithidia bombi）对大黄蜂王存活的感染之间的显著相互作用直接影响了蜂群的存亡。但是，拟除虫菊酯氟氯氰菊酯对大黄蜂工蜂对棉铃虫或寄生虫感染的敏感性没有明显影响。这一现象表明这种协同作用可能是新烟碱的特殊特征。在蜜蜂的病原体中也发现了增强单个应激源协同作用的相互作用，虽然病原体引起的死亡率很严重，但新烟碱类杀虫剂实际亚致死剂量对幼虫和成虫的影响更难以评估。

9.2 新烟碱抑制免疫机制的研究进展

尽管如此，直到最近，新烟碱类杀虫剂暴露与蜜蜂可能的免疫改变之间的关系仍然难以捉摸。Di. Prisco 等人证明了亚致死剂量的丁硫醚在昆虫中负调节 NF-kB 免疫信号，并且丁硫醚和吡虫啉都对该转录因子控制的蜜蜂抗病毒防御产生不利影响。新烟碱类杀虫剂通过增强编码抑制 NF-kB 激活的蛋白的基因转录，降低免疫防御，促进携带隐蔽病毒感染的蜜蜂体内 DWV 的复制。相比之下，有机磷农药"毒死蜱"不影响这种信号传导。这一发现揭示了新烟碱类物质在蜜蜂和其他昆虫的免疫反应调节中的新作用。因此，新烟碱可以调节蜜蜂病原体的毒力，正如暴露于吡虫啉引起的昆虫病原真菌对埃及伊蚊的毒力增加所表明的那样，可以更普遍地调节昆虫与天然拮抗剂之间的相互作用。

在野外条件下，这些协同作用似乎也是相关的，其中已发现新烟碱类药物治疗与 Varroa 感染以及病毒病原体之间存在显著的正相关，这表明是群落接近实验区域从而导致这些病原体数目的增加。

一项单独的现场研究进一步证实了这一趋势。相反，一次完全的野外试验工作，虽然显示了新烟碱对野生蜜蜂的严重影响，却无法在一个季节内检测到对蜜蜂的重大影响。然而，仔细检查试验体中寄生虫/病原体发生的数据，发现 Varroa 感染和病毒载量较低。总而言之，这些实地研究可以在通过最近提出的免疫模型的框架进行解释，其中蜜蜂群体的"Achilles heel"是通过增加螨病毒种群水平而导致不断增强的免疫抑制，其可以由不同的应激因素加剧，其中新烟碱发挥了重要作用。在这种情况下，人们可以预测群体的健康状况，其可以显著影响任何应激因素包括新烟碱所造成的不利影响。

因此，在现实野外条件下，新烟碱很难被测量，也不太可能产生明确的结果，这是多因素综合征导致的应激剂在空间和时间上不断变化和组合。然而，在长达 11 年的时间里，一项大规模的相关研究表明，在英格兰和威尔士，蜜蜂群体的损失与全国范围内吡虫啉的使用模式之间存在着显著的相关性。这项研究明确地支持了新烟碱类物质在促进蜜蜂健康衰退和最终导致蜂群崩溃方面的重要作用。在欧盟禁止新烟碱的短期内，蜜蜂群体消失的记录似乎进一步证实了这一假设，但在更长的时间间隔内获取更准确的数据是必要的，用以确认这一趋势的正确性。

综上所述，本章报告的发现部分解释了近年来蜜蜂中病毒和其他病原性疾病流行率上升的趋势，这与全球新烟碱类污染的增长率呈正相关。事实上，不仅在处理过的作物的花粉和花蜜中发现了新烟碱类残留物，在相邻植被、蜜蜂吸取过的水坑和其他地表水以及美国农业区超过 50% 的河流中都发现了新烟碱类残留物。由于新烟碱引起的免疫抑制可能作用于神经系统对免疫的保守交叉调节机制，人们可以预测：暴露于亚致死剂量杀虫剂中，其他生物体的身体防御机制也会受到破坏。事实上，暴露于吡虫啉的免疫缺陷已在鸡、鹧鸪和贻贝中观察到，其原因被认为是由于使用这种杀虫剂处理的稻田中青蒿鱼中大量毛滴虫外寄生虫的感染。不过这些数据的相关性需要进一步深入的研究来证实。

9.3 农药生态毒理综合风险评估的研究进展

人类和生态系统暴露于非常复杂的化学混合物中。在大多数风险评估中，仅考虑了一种化学指标，尽管毒理学领域已经达成共识：利用常规的逐种化学方法进行风险评估可能过于简单。

由于给定化学物质的毒性评估通常是单独进行的，因此还并不知晓混合物的可能不利影响。具有相似或不同作用方式的不同分子的联合作用可能导致添加剂协同或拮抗组合的数量不受限制。具有相似或不同作用方式的不同分子的联合作用可能导致数量无限的加性、协同或拮抗组。因此，需要一种强有力的方法来评估化学混合物的生态毒性，以评估许多部门的环境风险，因为大量潜在的化学污染物使得不可能对每一种潜在混合物进行毒性测试。

欧盟的几项法规正在实施，以管制单一和多种化合物。在植物保护产品（PPPs）（EC，2009）和《化学品注册，评估，授权和限制规定》范围内的化学品领域中，已经获得了在混合物评估方面的更多经验。

近年来，欧美机构的几份报告、科学观点和指南的发表证明了人们对组合风险评估（CRA）的兴趣有所增加。最近的一项研究表明，欧洲淡水中的化学物质在组成和相对丰度方面变化很大，并且欧洲河流中发现的化合物中占比最大的是农药。得出的结论是，要解决化学品问题不仅得在单一物质风险评估中进一步加强，还应考虑多种化学类别和立法因素。

尽管混合风险评估的一般概念和人与环境都有相似之处，都使用了分层方法，但是人类风险评估与生态风险评估（ERA）之间存在实质性差异。首先，在处理不同非靶标生物的风险评估时，需要进行不同类型的环境暴露评估，这使得设计分层框架进行联合暴露评估变得更加复杂。其次，虽然传统的人类毒理学家驳斥了在低剂量范围内存在混合物效应的可能性，但他们承认，当每种化学物质都存在于其预测的无效应浓度时，有可能产生组合效应。就农药而言，对陆地哺乳动物和鸟类的评估与人类健康评估有一些相似之处，而评估水生和陆地生物风险的框架则完全不同。

出于伦理和经济原因，根据"关于保护用于科学研究的动物的指令"减少实验动物的使用。欧洲产品风险评估中混合物毒性的预测方法是非常有价值且必不可少的。

本章的目的是在为配方产品提出的生态风险评估框架内，提供处理由两种活性物质制成的农药监管最新标准，是特别为欧盟设置的风险评估程序。

特别是 EC（2009）在第 29 条中要求：在评估和授权中"应考虑到活性物质、安全剂、增效剂和共配方之间的相互作用"。本章明确提到市面上的 PPP，它通常是含有一种或多种活性物质的技术混合物，外加几种共同配方。本研究的范围不包含含有两种以上活性物质的混合物。

因此，在文章的第一部分，我们提出了两种主要的预测方法，用于在监管背景下估计混合物毒性。在第二部分中，我们分析了为在欧盟注册农药配方而提交的 11 份风险档案，以评估其是否符合相关标准规定。对三个不同的非靶标生物群（鸟类和哺乳动物、水生和陆生生物体）进行了评估。

在下面的论述中，我们强调了修订报告中发现的局限性。最后，根据该领域的最新文献，我们提出了一些改进 CRA 的建议。

9.3.1　用于评估混合物毒性的预测方法

在特定情况下，模型的选择取决于对化学物质作用模式的了解。浓度加合法（CA）和独立作用法（IA）这两个数学模型，经常被用于评估混合物，测试所有混合物的替代方法。

CA 方法的基本原理是混合物中的不同化合物具有相似的作用模式，并且通常假定这些化合物在有机体中具有相同的靶位点。CA 意味着混合物的各个组分浓度和效价成比例地导致了混合物毒性。

数学上 CA 模型可表示为：

$$EC_{xmix} = \left(\sum_{i=1}^{n} \frac{Pi}{EC_{xi}} \right) - 1 \tag{1}$$

其中 EC_{xmix} 是 n 个化合物的混合物效应，Pi 是混合物中化合物 i 的相对分数（注：Σpi 必须为 1），而 EC_{xi} 是组分 i 的引起 x% 效应时的浓度。

IA 的概念最早由 Bliss（1939）提出并应用于生物数据检测，可以用如下公式进行数学解释：

$$EC_{mix} = 1 - \prod_{i=1}^{n} (1 - EC_i) \tag{2}$$

式中 C_{mix} 是混合物的总浓度，EC_i 是第 i 个组分独立存在且其浓度为 C_i 时产生的效应，EC_{mix} 是混合物的效应。这里混合物总浓度 C_{mix} 定义为该混合物中各个组分的浓度 C_i 之和。

从概念上讲，IA 模型是一种预测多种可能事件之一将发生的可能性的统计方法。IA 已被建议用于预测具有相异作用模式化学物的混合物。

为了进行现实和准确的风险评估，考虑混合物中化学品之间的潜在相互作用很重要。如果化学物质相互作用产生的影响大于 CA 的预测，则会发生拮抗作用，而如果化学物质相互作用产生的效果小于预测的效果，则会出现协同作用。在文献中我们已经描述了相互作用的案例，但是实例非常稀少。由于拮抗作用与单独考虑化学物质的效果相比，会导致混合物的毒性降低，所以它不被考虑在风险评估中。此外，当化学物质的毒性作用是拮抗作用时，使用 CA 方法会高估混合物产生的效果。这可能导致最坏的情况，为此需要在风险评估中建立一个安全限度。

CA 和 IA 的概念在其假设性和准确性方面广受争议，关于对含有一种以上污染物的化合物毒性的预测，Cedergreen 等人在 2012 年提出了一种优于传统 CA 的三元混合物模型。

尽管如此，它们依然经常用于监管风险评估，以调查化学物质的协同作用，例如 REACH 和 PPPS 立法。

CA 被欧美当局、监管机构和国际机构广泛接受。假设剂量加合模型是最常用的，原因如下：①它们被认为比 IA 模型更保守；②在低暴露水平下，两种模型之间的差异很小；③CA 虽然不是最精确的方法，对毒性单位数据的利用如 NOEC 和 LC50/EC50's 程度不高，但是它对数据量的要求较小，毒性单位被几个委员会定义为 "混合物成分浓度与其急性（例如 LC50）或慢性（例如 long-term NOEC）终点之间的比率"。混合物的毒性单位被定义为该混合物的每个单独的化学物质的毒性单位的总和。基本上，这个概念可以基于混合物的组成，利用 CA 原则来量化其毒性。

9.4 研究案例：欧盟农药 ERA 的当前方法

由于农业实践情况不同，导致了在不同情况下，生物体中存在多种农药的残留现象：

（1）在同一地块同时应用施用活性物质。这种情况包括施用含有两种或两种以上活性物质的农药，同时也包括农民直接在施药之前通过混合不同农药而产生的混合农药。

（2）在同一地块连续使用不同的活性物质，其中的混合物只有在释放到环境中后才会形成。

最近从监测项目中收集的数据证实了农药混合物在欧洲产生的重要影响。如 Busch 等人声称在欧洲河流中检测到的最大一组化合物中含有农药成分。此外，对来自不同欧盟国家的大量监测数据的审查表明，溪流中的农药通常含有 2~5 种化合物的混合物，其中含量最多的是除草剂成分。

根据欧盟现行 EC 标准的要求，申请人（配方的生产者）必须提供销售产品的风险评估，并在产品标签上标明制剂的类型。此外，与标准 91/414 所要求的不同，当前的条例引入了新的要求：评估安全剂、佐剂和增效剂。

欧盟农药环境风险评估框架包括一组允许评估和管理潜在污染环境的步骤（图 9-2），该步骤基于风险的方法，从确定每个非靶标生物的特定保护目标开始，采用了分层的方法：ERA 从简单的保守评估开始，在必要时，要以符合工业和监管机构成本效益的方式做一些其他更复杂的工作。在欧盟，欧洲食品安全局（EFSA）与欧盟成员国合作，负责对 PPPs 中使用的活性物质的风险进行评估。

欧洲食品安全局（EFSA）的农药残留物小组（PPR）对于植物保护产品（PPPs）在毒理学、生态毒理学、植物生长和植物生长表现等方面提供指导。

为了对农药进行前瞻性评估，应统一使用已经开发出的方法以预测在最坏的现实情况下农药的可检测浓度。通过 FOCUS（农药使用及归宿模型协调论坛）组提供的建模工具来估算土壤、地下水和地表水的预测环境浓度（PECs）。因此，在评估农药混合物在环境中的暴露程度时，有两个主要问题：确定非靶标生物的联合生态毒性和确定混合物的来源与去向。

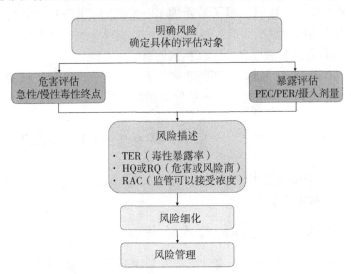

图 9-2　欧盟农药环境风险评估框架

PEC＝预测的环境浓度，PER＝预测的环境速率。

9.4.1 数据选择

为了评估上述 PPPs 注册报告是否符合欧洲立法，我们分析了 11 份非靶标生物体群体的生态风险评估文件。

这 11 份农药登记报告是在 2011—2015 年提交的。报告中涉及在农业中使用的除草剂或杀菌剂组合产品。在报告的选择上，我们没有具体的选择标准，只要求提交日期在 2011.6 之前且 EC 2009 生效后，以及只包含两种活性物质的混合物。

9.4.2 评估方法

我们分析了是否满足欧盟农药环境风险评估准则的要求，并在进行生态毒理学评估时，对三个主要非靶标目标群体使用不同的方法进行分析。

（1）鸟类和哺乳动物。对于每份档案，我们检查其是否遵守 EFSA，2009a 附录 B 的规定（根据 CA 概念计算混合物毒性）。我们报告了是否已计算混合物的毒性暴露比（TER）或是否基于单一先导化合物进行评估。

（2）水生生物。在报告中，计算了 CA 混合物的毒性，并最终将其与测量数据进行了比较。在某些情况下，测量的数据被称为"桥接配方"的类似配方。在第二步中，我们应用了最新的 EFSA 指南（EFSA，2013；10.3.4）中对混合物评估的要求。因此，当测量毒性数据时，我们计算模型偏差比值（MDR），以验证其是否存在协同或拮抗的迹象。

（3）陆生生物——蚯蚓，节肢动物，微生物，非靶标陆生植物。在报告中，人们分析了这些评估是基于桥接配方的测量终点，还是基于活性物质测量终点。

有关欧盟中现行和过去农药生态毒理学评估指南的更多信息，请参阅补充材料部分。

用于 MDR 计算的活性物质数据（p3.2.2）取自欧盟委员会 EFSA 官方刊物中的活性物质数据库。

9.4.3 鸟类和哺乳动物的风险评估

除了一份评估报告外，所有评估报告考虑到了对鸟类和哺乳动物可能产生的联合急性毒性。根据 EFSA，2009a 的建议，利用 CA 方程式 1，计算多重毒性。但是，在 7 种报告的评估中（产品 2、3、4、7、8、9、11）完全遵循指南附录 B 的步骤 1。根据 CA 概念及其相应的"每份毒物"占比来确定毒性，以鉴定一种活性物质是否对混合物的毒性贡献度>90%。在另外三个报告（产品1，5，6）中，计算了代用品混合物的毒性，并与测定的哺乳动物毒性进行了定性比较。

对鸟类和哺乳动物的毒性测量和计算以及进行简单的定性比较时，产品1，5，6出现了不同的结果：产品5和6差异不显著（实际测得哺乳动物的LD_{50}略低于根据 CA 计算出的LD_{50}），对于产品1则对哺乳动物的测量终点和鸟类的替代终点进行了评估。后一种方法更为谨慎：在没有鸟类毒性测量值的情况下，在 TER 计算中使用计算出的毒性。

报告没有计算长期毒性。尽管有 EFSA 的指导指示，但没有对含有"相似作用混合物成分"（EFSA，2009a）的三种产品进行长期风险评估，因为这些物质与 HRAC（2016）和 FRAC（2016）分类方案相同：产品6含有两种三唑类杀菌剂（FRAC 组 G），产品10含有两种磺酰脲类除草剂，产品11（HRAC 组 B）含有来自合成生长素组（HRAC 组 O）的两种除草剂。

有一个值得关注的特别案例：唑类杀菌剂经常表现出协同作用模式。它们是大部分 P450 单氧化酶的抑制剂，负责亲脂性化合物的 I 相代谢，相关研究预测它们对脊椎动物内分泌有潜在的干扰作用。因此，对于含有 GEBI（麦角甾醇生物合成抑制）活性物质的产品6，显然需要评估其混合物对鸟类和哺乳动物长期的毒性影响。在这种情况下，可以用毒性最强的代表来表示活性物质的终点。

在鸟类和哺乳动物中，含有具有相同作用模式的活性物质（B 类和 O 类）的两组除草产品的作用方式可能被质疑是否与鸟类和哺乳动物风险评估相关。因此，在产品10和11的长期风险评估中可能不需要考虑混合物毒性。

所有选定的案例都没有考虑到添加到配方中的共制剂和佐剂的潜在影响，这可能会增强最敏感生物的摄取和吸收能力。

9.4.4　水生生物的风险评估

关于水生无脊椎动物（通常是大型蚤）的急性和慢性毒性的数据以及鱼类毒性以及藻类生长抑制的数据均可用于评估组合产品中包含的所有单个活性物质。只有在除草作用活性物质存在的情况下，代表水生植物的 *Lemna* sp. 的毒性数据才能被检测出来。

活性物质的存在可以预测所有浓度—添加剂混合物毒性的终点浓度。必须指出的是：在提交报告时，目前的 EFSA 指南（EFSA，2013）并未生效。

然而，对这6种产品（产品3、4、5、6、8、9），基于CA计算预期毒性，然后将其与观察到的产品毒性进行比较。在所有产品中，活性物质的毒性数据都被用于风险评估，并证实其对混合物的毒性具有保护作用。已经对测量和计算的终点浓度进行了比较，对毒性的变化在最大因子10以内的产品不再进行深入研究，如报告5和报告6。这种偏差通常在报告中被证明是由生物测试系统中的自然变异引起的，因此反映了实验室内的低变异，与活性物质相比，其中没有与配方中不同的毒性。

所有报告都没有进行MDR比率的计算，除了对于产品3，直接比较了计算的急性毒性和测量的毒性。计算了无脊椎动物、鱼类和藻类的MDR值，结果在0.2~5范围，从而表明测量值和计算值一致。因此，不需要计算具有测量终点产品的TER值。

"桥接方法"仅用于两种产品（产品4和11）：从含有相同活性物质的类似制剂产品中获得的毒性数据是有效的，可以通过正在被检查的PPPs风险评估。这种方法在两种情况下都适用于鱼类风险评估，在产品11的情况下，也适用于无脊椎动物和藻类的毒性风险评估。假设可以接受使用来自类似配方的毒性数据，选择对产品11的藻类进行毒性研究就足够了，因为PPP是一种除草剂，它可能对初级生产者产生有害影响。此外，参考配方的终点显示：对鱼类和无脊椎动物的毒性较低（LC_{50}或$EC_{50}>100$ mg/L）。

人们计算了产品1、2、7、9、10、11的每一组的CA替代毒性，其中不包含对混合毒性的估计。然后，得到了附录2所报告的每个产品的MDR值。

图9-3报告了所有研究的每个组通过MDR所分析出的潜在协同作用或拮抗作用（图9-3d仅考虑具有除草作用模式的四个PPPs的数据）。当所有获得的测量值和计算值相同的情况下，可以应用毒性单位的概念，允许将风险评估的以下步骤用于单驱动器毒性数据的评估。由于产品9的测量毒性仅适用于藻类，因此仅计算该组的模型偏差比（MDR）（因此，产品9仅出现在图9-3C中）。根据EFSA，2013（p 10.3.8）。鱼类和水生植物的MDR值显示没有潜在的协同作用（MDR≤5），在一些情况下显示出拮抗作用，即MDR<0.2。在出现拮抗的情况下，风险评估者应该对拮抗剂行为做出合理解释，混合物的暴露毒性比率可以通过混合物PEC除以混合物的终点浓度计算。在拮抗情况下，由于需要对每个终点和暴露场景（潜在的10个地表水场景）进行评估，所以评估次数会很密集，除非一个特定的终点/暴露场景明确地被证实可以驱动风险。

根据不同终点（ER$_{50}$ for biomass，growth and yield）表达藻类毒性的可能性，揭露了应用 CA 方法以获得预期毒性值和下文 MDR 计算的缺点，例如，对于产品 1 来说，由于公式中只能基于 E$_Y$C$_{50}$（基于产量测量，导致生长减少 50% 的溶解在测试介质中的测试物质浓度）来比较不同终点的测量值与计算值差异。然而 CA 法毒性计算活性物质的终点是基于 E$_B$C$_{50}$（根据生物量测量，溶解在测试介质中导致生长减少 50% 的测试物质的浓度）。在其他情况下，例如对于产品 2，替代毒性的计算必须基于活性物质的不同类型的终点（E$_r$C$_{50}$ 用于 Mandipropamid 双炔酰菌胺，E$_b$C$_{50}$ 用于 Zoxamide 苯酰菌胺），而用 CA 方法计算混合毒性时，使用的却是相同的终点。EFSA，2013 给出了解决此问题的建议：只能在表达测试结果和风险评估时使用增长率 EC$_{50}$（E$_r$C$_{50}$）。

对于含有相同作用模式物质的产品，没有进行具体的评估。

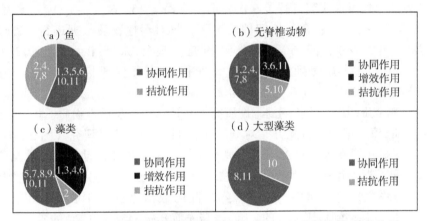

图 9-3　通过 11 份报告计算模型偏差比值（MDR）分析协同/拮抗作用
（a）鱼（急性毒性）　（b）无脊椎动物（急性毒性）　（c）藻类（生长抑制）
（d）大型藻类（*Lemna* sp. 生长抑制）

9.4.5　陆生生物

对于每个陆生生物群体来说，毒性要求和风险评估程序都不同，详见附表 2。

目前最完整的毒制剂数据库是关于蜜蜂毒性的（图 9-4a）：所有收集到的数据都含有口服类和接触类急性毒性的配方。只有一种产品（产品 6）评估时使用的"桥联制剂"来检测毒性数值。在大多数调查案例中，均考虑了活性物质和制剂的毒性终点，并通过它们计算出了危险商数（HQs）值（产品2、3、5、6、7、9、10、11）。在这些情况下，用"最差情况优先"的方法从毒性最低点开始评估。

对于非靶标节肢动物，参考一级标准，在喷洒 PPPs 产品的情况下，对两种烟蚜茧和捕食性螨进行标准毒性试验；在将产品直接投放到土壤的情况下，对 Aleochara bilineata 进行标准毒性实验。在此数据基础上，绘制了图9-4b。为了完善评估，在其他一些情况下对物种（如 Orius laevigatus、Chrysoperla carnea 和 Coccinella septempointata）进行了测试。虽然用一级测试对非靶标节肢动物进行了实验室毒性研究，但是我们还用二级标准进行了几次评估，特别是对产品 2，6，7，9 进行的实验室测试。这些试验是用已审查的配方进行的，只有在少数情况下，使用了来自类似配方的毒性数据进行评估：特别是，基于第一级和第二级评估的产品 11 采用了"桥接"的方法。对蚯蚓的急性毒性研究进行了 6 次评估（产品 1，3，6，7，8，9），产品 4 使用了"桥接"法；在其他四种情况下，只对活性物质数据进行了 TERs 计算（图 9-4c）。需要着重说明的是，现行标准 Reg. 284/2013 EC（p10.4.1.1）没有明确要求对蚯蚓进行急性毒性研究，这与曾经的 Reg. 545/2011 EC（p10.6.1.1.）相反。

对 9 个蚯蚓进行了长期的毒性研究，并计算了产品活性物质、相关代谢物的 TER 值。用"桥联配方"对产品 4 和 11 进行了毒性研究（图 9-4D）。图 9-4e 显示了在 5 种情况下关于氮和碳转化的微生物活动的标准数据集，仅在一种情况下运用了"桥接"方法。评估一般是基于测试中使用的浓度（通常为两个）与土壤中的预测暴露之间的数据比较（在浓度 1×PEC 和 5×PEC 时应检测到低于 25% 的影响）。与先前 Reg. 545/2011 EC 的要求不同，Reg. 545/2011 EC 明确要求进行两种类型的测试，而目前的 Reg. 284/2013 EC 只要求测试对氮素转化的影响。

最后，关于非靶标陆地植物（图 9-4F），可以得出其符合 REG 要求的结论。完全符合（EC）第 284/2013 号和 SANCO/10329/2002 号（EC，2000年）的要求。除产品 4 外，还进行了杀菌剂风险评估的筛选试验（Tier I non GLP 研究），产品 4 的风险评估是基于活性物质终点来进行的。对于除草剂，进行了最少 6 种不同物种的全部营养活力和出苗（二级）测试（GLP 研究）。

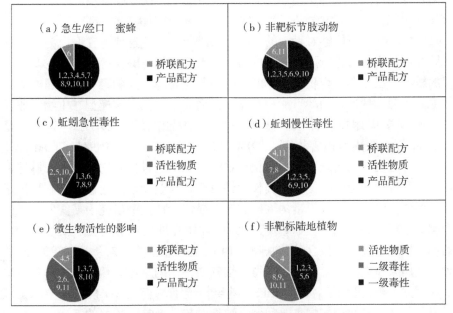

图 9-4　不同靶标生物毒性终点（制剂产品毒性数据、
活性成分毒性数据）用于风险评估

（a）对蜜蜂的急性经口/接触毒性；（b）对非目标节肢动物的标准毒性；（c）蚯蚓急性毒性；（d）蚯蚓的慢性毒性（生殖毒性）；（e）微生物活性的影响；（f）非目标陆地植物（NTTP）的一级或二级毒性数据。

9.5　农药综合风险评价

经典的数据分析方法，更具体地说，浓度—效应曲线模型并没有考虑暴露和毒性的时间，甚至地理位置和作用方式的定义也是模棱两可的。此外，近年来，在欧洲立法的鼓励下，为了实施 3R 概念（精简，减少替代动物使用），对动物的健康影响研究发生了转变。因此，考虑到对时间和机械方面的影响，替代毒性模型已经被开发出来。

下面简要总结了一些现代工具，这些工具在较高层次的生态风险评估中正式提出，用于 PPPs 产品的注册。

毒物动力学（TKTD：Toxicokinetic-toxicodynamic）模型提供了一个概念的框架，以便更好地了解不同物种对同一化合物的敏感性差异的原因，以及不同化合物对同一物种产生不同毒性的原因。TKTD生存模型已经统一并整合在通用统一生存阈值模型（GUTS：General Unified Threshold model of Survival）中。它们还能够对毒性的时间方面进行模拟，这使得它们成为对波动或脉冲污染物暴露进行风险评估的最好工具。例如，Baas等人开发的基于流程的模型。以二元混合物对生存的影响为起点解释混合物毒性测量，在描述数据和发现几种混合物的可能相互作用方面非常成功。该模型在生物学假设中是能直接应用的，并且不需要一些多余的作用模式。另一个例子是Ashauer等人的阈值损害模型（TDM：Threshold Damage Model），TDM描述的不是同时使用而是顺序使用的化合物的累积急性毒性：它能够使用脉冲毒性试验和毒代动力学数据来预测长期暴露模式与波动浓度的影响。它可用于风险评估，以解释暴露模型的输出数据，或估计在监测研究中暴露所产生的影响。最近，TKTD模型被应用于使用个体耐受性（IR）和随机死亡（SD）的两个极端假设来模拟含苯并呋喃的PPPs在波动浓度下对鱼类存活的影响。该方法用于鱼类的风险评估以获得活性物质使用的批准。然而，这种新方法的应用并未被监管当局接受，EFSA甚至拒绝了基于TKTD模型的生态毒理学风险评估。与此相关的主要问题是缺乏对与模型参数相关的不确定性数据的适当评估。

必须指出的是，TKTD模型在生态毒理学中的使用目前受到限制，因为描述毒理学和毒理学动力学的参数仅适用于少数物种。由于PBPK模型可以包含一种化学品的药效学特征，因此它们可以用于暴露于多种化学品的累积风险评估。

PBPK模型由一系列用于隔室、流体流动和化学反应的方程组成，这些方程代表人体中真实的生物组织和生理过程，并模拟进入生物体的化学物质的吸收、分布、代谢和排放。PBPK模型的显著特点是可以近似模拟化学物质的动力学行为。这些模型旨在将化学物质的物理和生物学特性与体内发生的生理化学反应结合起来，以估计靶组织/器官的内毒性剂量。内剂量量度取代定量剂量反应评估中的应用剂量，目的是降低使用应用剂量得出风险值时的不确定性。

这种不确定性和风险值的降低，科学基础的改善是PBPK模型的主要优点，也是人们对其使用兴趣日益浓厚的原因。PBPK模型可以允许剂量、途径和物种之间的外延，还可以帮助检测不同剂量下作用机制的变化，并预测相互作用及其各自的阈值。许多PBPK模型在过去的几十年中已经被开发出来，但是，由于它们的科学复杂性，评估人员很少使用它们。

然而，值得注意的是，生态毒理学风险评估通常针对的是人群甚至社区水平，而使用内剂量的相关性较小。PBPK 模型的使用可以支持脊椎动物（鸟类、哺乳动物和鱼类）的风险评估，其目的是保护单个有机体。

动态能量预算（DEB：Dynamic Energy Budget）理论旨在基于一组简单的新陈代谢组织规则来描述个体有机体。接触毒物可被理解为能量参数的变化，如维持成本的增加或从食物中吸收能量的减少。DEB 理论可以确定量化个体如何获取和使用能量和营养的规则。当 DEB 方法被用来解释混合物的效应时，毒性效应被解释为毒性对有机体能量收支的影响。两种毒物可能影响同一靶部位或不同部位，对作用部位的干扰将意味着代谢参数的改变。DEB 分配规则指定这些被更改的参数值在生命周期中产生的影响，从而预测生物体的生存、生长和繁殖。

然而，目前，使用这些模型和工具的适用范围比较局限。如果最初的 CA 计算表明需要获得关于配方中存在的化合物之间相互作用的更多细节，则可以使用它们来减少数据的不确定性。

参与 PPPs 注册登记的一些欧盟成员国最近提出了对混合物进行评估的新方法。例如，德国联邦环境署（UBA）制定了一种统一的分层方法，以评估单一组合产品的混合物。其计算可能包括所有混合物成分的数据，或者被认为是唯一相关的活性物质。这一提议特别有趣，因为如果相应的暴露估计可用，它也可以应用于连续应用产生的混合物。

我们认为，一个明确的分层方案应该是每个非目标生物群生态环境评估的基础：如 WHO/IPCS 建议的那样，分级方法应有助于风险评估者确定风险管理的优先事项，以便在预期共同暴露于多种化学品的广泛应用中进行风险管理。监管当局应正式采用传统的 CA 概念，以获得农药混配毒性的初步估算。为了明确这一假设，当局已经采取行动，并在指导意见中规定："在没有测量的毒性数据的情况下，应始终考虑混合物毒性以进行急性和长期风险评估，对于所有非目标物种，最好使用浓度加合方法"。

美国环境保护局（USEPA，2016）最近也实施了分层方法，用于将活性物质分组在共同机制组（CMG：Common Mechanism Groups）中的应用：两步方法首先评估可用的毒理学信息，如有必要，随后应用基于风险的筛查方法。

同样地，欧洲当局开发了 CRA 的方法，以根据其毒理学概况确定活性物质分组的标准，并创建了累积评估小组。分组是基于一般标准，如化学结构，杀虫作用机制和常见的毒性作用，或更精细的标准，如作用方式或机制。存在哪些混合物以及哪些混合物具有相关的综合效应这一问题成为确定监测和评估的中心。欧盟资助的项目提出了一些建议，为未来面向环境监测的解决方案提供指导。基于效果的监测方法最近被建议替代通用评估方法。作者调查了现有基于效应工具的能力和差距，并提出将生物测定用于地表水监测，这一提议作为欧盟 WFD 内化学监测的一个有价值的补充。尽管想要保护的目标不同，且两个领域间行动模式的定义和处理还存在争议，目前科学家们仍在讨论如何协调人类风险评估和生态风险评估之间的分组原则。

参考文献

董丰收. 2008. 手性农药三唑醇对映体在黄瓜植株和土壤中立体选择性行为研究 [D]. 北京：中国农业大学.

谷方红，江伟，胡京奕，等. 2010. 加工过程啤酒大麦农药残留的变化 [J]. 食品与发酵工业，36 (5)：90-100.

关注多菌灵农残超标 [EB/OL]. 农产品加工国际标准跟踪信息网，2012-09-18，http：//www. isapp. gov. cn/jqsx/251852. shtml.

韩熹莱. 1995. 农药概论 [M]. 北京：中国农业大学出版社.

郝桂明. 2019. 超临界流体色谱法在药物成分分析中的应用进展 [J]. 天津药学，31 (5)：75-78.

胡井荣. 2008. 化学农药对水稻生理生化和品质的影响及其残留效应分析 [D]. 扬州：扬州大学.

季德胜，郑桂青，孙俊，等. 2017. 顶空固相微萃取-气相色谱-质谱联用分析辣椒油中的风味物质 [J]. 现代食品科技 (6)：276-284.

姜楠，王蒙，韦迪哲，等. 2015. 果蜡保鲜技术研究进展 [J]. 食品安全质量检测学报 (2)：596-601.

金发忠. 2013. 关于严格农产品生产源头安全性评价与管控的思考 [J]. 农产品质量与安全 (3)：5-8.

金发忠. 2014. 我国农产品质量安全风险评估的体系构建及运行管理 [J]. 农产品质量与安全 (3)：3-11.

孔志强，董丰收，刘新刚，等. 2012. 超高效液相色谱-串联质谱法测定柑橘及柑橘精油中 4 种农药残留 [J]. 分析化学，40 (3)：474-477.

兰腾芳. 2013. 新型手性农药丁氟螨酯在环境中的选择性降解 [D]. 荆州：长江大学.

李敏敏. 2013. 杀螨剂丁氟螨酯残留分析及环境降解行为研究 [D]. 哈尔滨：东北农业大学.

李钦，郑薇云，王重刚，等. 2003. 有机磷农药对坛紫菜过氧化物酶 (POD) 活性影响的研究 [J]. 厦门大学学报：自然科学版，42 (2)：201-204.

李祥洲，郭林宇，戚亚梅，等. 2013. 农产品质量安全网络舆情形成原因及发展路径分析 [J]. 农产品质量与安全 (5)：9-12.

李晓华，冯建军，张玉珠，等. 2016. 喷施农药对不同蔬菜营养品质的影响 [J]. 长

江蔬菜 (4)：79-81.

李云成, 孟凡冰, 陈卫军, 等. 2012. 加工过程对食品中农药残留的影响 [J]. 食品科学, 33 (5)：315-322.

刘维屏. 2006. 农药环境化学 [M]. 北京：化学工业出版社.

刘震. 2011. 色谱及毛细管电泳最新研究亮点 [J]. 色谱, 29 (6)：467-468.

罗逢健, 楼正云, 汤富彬, 等. 2010. 咪鲜胺及其代谢物在柑桔中的残留检测方法及其动态研究 [J]. 分析测试学报, 29 (7)：730-734.

马冲, 周欣欣, 张佳, 等. 2014. 乙烯利催熟番茄应用现状及对品质的影响 [J]. 农药科学与管理, 35 (2)：64-70.

毛雪飞. 2008. 加工过程对橙汁和橙皮渣中农药残留含量的影响研究 [D]. 北京：中国农业科学院.

牟艳莉, 郭德华, 丁卓平, 等. 2013. 高效液相色谱-串联质谱法测定瓜果中 11 种植物生长调节剂的残留量 [J]. 分析化学, 41 (11)：1 640-1 646.

农业农村部共和国农业部第 632 号公告 [EB/OL]. http：//www. moa. gov. cn/zwllm/tzgg/gg/200606/t20060616_631298. htm.

钱传范. 2011. 农药残留分析原理与方法 [M]. 北京：化学工业出版社.

裘姗姗. 2016. 基于电子鼻、电子舌及其融合技术对柑橘品质的检测 [D]. 杭州：浙江大学.

盛宇. 2011. 长残留除草剂氯嘧磺隆对土壤微生物生态的影响 [D]. 哈尔滨：东北农业大学.

宋烨, 刘金豹, 王孝娣, 等. 2006. 苹果加工品种的糖积累与蔗糖代谢相关酶活性 [J]. 果树学报, 23 (1)：1-4.

田江. 2017. 微生物降解农药的特性及其在土壤复合农药污染修复中的应用 [D]. 湖北：武汉大学.

王海波. 2009. 苹果早熟品种风味品质研究 [D]. 泰安：山东农业大学.

王力钟. 2006. 烯肟菌胺对黄瓜的生理活性及品质影响 [J]. 现代农药, 5 (2)：19-20.

王倩, 戴蕴青, 田文莹, 等. 2013. 京津两地蔬菜防腐剂、保鲜剂和添加剂使用情况的调查研究 [J]. 中国食物与营养, 19 (3)：15-19.

王瑞花, 田金虎, 姜万舟, 等. 2017. 基于电子鼻和气相质谱联用仪分析葱姜蒜复合物对炖煮猪肉风味物质的影响 [J]. 中国食品学报, 17 (4)：209-218.

魏启文, 陶传江, 宋稳成, 等. 2010. 农药风险评估及其现状与对策研究 [J]. 农产品质量与安全 (2)：38-42.

郗丹, 杨学军, 谷穗, 等. 2016. 农药残留及瓶塞对葡萄酒品质的影响 [J]. 中国酿造, 35 (2)：5-8.

谢安国, 王金水, 渠琛玲, 等. 2011. 电子鼻在食品风味分析中的应用研究进展

［J］．农产品加工（学刊）（1）：71-73.

徐国锋，聂继云，李静，等. 2009. 苹果、香蕉和柑橘中腐霉利等 4 种防腐保鲜剂残留分析方法［J］．农药学学报，11（3）：351-356.

徐汉虹. 2007. 植物化学保护（第四版）［M］．北京：中国农业出版社.

杨国璋. 2013. 杀虫杀螨剂——丁氟螨酯［J］．世界农药（6）：59-60.

杨美景，陈向民，李艳，等. 2009. 酵母对葡萄酒香气影响的研究进展［J］．中外葡萄与葡萄酒，（09）：73-76.

易欣，耿鹏，胡美英，等. 2011. 20% 丁氟螨酯悬浮剂防治柑桔红蜘蛛药效试验［J］．中国南方果树（5）：45-46.

袁会珠，徐映明，芮昌辉. 2011. 农药应用指南［M］．北京：中国农业科学技术出版社

袁玉伟，陈振德. 2005. 再加工农产品中有害化学物质 MRLs 制订与思考［J］．食品科技（9）：36-38.

袁玉伟，王静，林桓，等. 2008. 冷冻干燥和热风烘干对菠菜中农药残留的影响［J］．食品与发酵工业，34（4）：99-103.

张存政，张心明，田子华，等. 2010. 稻米中毒死蜱和氟虫腈的残留规律及其暴露风险［J］．中国农业科学，43（1）：151-163.

赵海洲，陈永星，李楠，等. 2017. 丁氟螨酯对 SH-SY5Y 细胞的毒性作用及其机制［J］．中国药理学与毒理学杂志，31（4）：318-324.

赵静，刘诗扬，徐方旭，等. 2013. 影响果蔬质量与安全的因素分析及应对策略［J］．食品安全质量检测学报（6）：1 637-1 644.

赵善欢. 2000. 植物化学保护（第三版）［M］．北京：中国农业出版社.

赵卫星. 2005. 几种有机磷农药对大蒜品质的影响及合理用药的研究［D］．郑州：河南农业大学.

郑雪虹，谢德芳，吕岱竹，等. 2012. 咪鲜胺在香蕉防腐保鲜储藏中的残留消解动态分析［J］．热带作物学报，33（12）：2 273-2 278.

中国商务部. 2008. 年流通领域食品安全调查报告［EB/OL］．

中华人民共和国国家标准化管理委员会，国家质量监督检验检疫总局. 农药合理使用准则：GB/T 8321. 1-8321. 9（2000-2009）［S］．北京：中国质检出版社.

中华人民共和国国家卫生和计划生育委员会. 2015. 食品安全国家标准 食品添加剂使用标准：GB 2760-2014［S］．北京：中国标准出版社.

周志强. 2015. 手性农药与农药残留分析新方法［M］．北京：科学出版社.

朱海林. 2017. 基于 NMR 和 UPLC-QTOF-MS/MS 技术的林下山参化学成分研究［D］．长春：吉林大学.

Abou-Arab A A K. 1999. Behavior of pesticides in tomatoes during commercial and home preparation［J］．Food Chemistry, 65（4）：509-514.

Abou-Arab A A K. 2002. Degradation of organochlorine pesticides by meat starter in liquid media and fermented sausage [J]. Food and Chemical Toxicology, 40 (1): 33-41.

Afridi I A K, Parveen Z, Masud S Z. 2001. Stability of organophosphate and pyrethroid pesticides on wheat in storage [J]. Journal of Stored Products Research, 37 (2): 199-204.

Aguilera A, Rodringuez M, Brotons M, et al. 2005. Evaluation of supercritical fluid extraction/aminopropyl solid-phase "in-line" cleanup for analysis of pesticide residues in rice [J]. Journal of Agricultural and Food Chemistry, 53: 9 374-9 382.

Aguilera A, Valverde A, Camacho F, et al. 2012. Effect of household processing and unit to unit variability of azoxystrobin, acrinathrin and kresoxim methyl residues in zucchini [J]. Food Control, 25 (2): 594-600.

Altenburger R, Ait-Aissa S, Antczak P, et al. 2015. Future water quality monitoring-adaptingtools to deal with mixtures of pollutants in water resource management [J]. Sci. Total Environ. , 512-513, 540-551.

Anastassiades M, Lehotay S J, Štajnbaher D, et al. 2003. Fast and easy multiresidue method employing acetonitrile extraction/partitioning and "dispersive solid-phase extraction" for the determination of pesticide residues in produce [J]. Journal of AOAC international, 86 (2): 412-431.

Anastassiades M, Mastovska K, Lehotay S J. 2003. Evaluation of analyte protectants to improve gas chromatographic analysis of pesticides [J]. Journal of Chromatography A, 1015 (1): 163-184.

Angioni A, Dedola F, Garau V L, et al. 2011. Fate of Iprovalicarb, Indoxacarb, and Boscalid Residues in Grapes and Wine by GC-ITMS Analysis [J]. Journal of Agricultural and Food Chemistry, 59 (12): 6 806-6 812.

Antúnez K, Martín-Hernández R, Prieto L, et al. 2009. Immune suppression in the honey bee (Apis mellifera) following infection by Nosema ceranae (Microsporidia) [J]. Environ. Microbiol. , 11, 2 284-2 290.

Ashauer R, Boxall A B A, Brown C D. 2007. New ecotoxicological model to simulate survival of aquatic invertebrates after exposure to fluctuating and sequential pulses of pesticides [J]. Environ. Sci. Technol. , 41, 1 480-1 486.

Athanasopoulos P E, Pappas C J, Kyriakidis N V. 2003. Decomposition of myclobutanil and triadimefon in grapes on the vines and during refrigerated storage [J]. Food Chemistry, 82 (3): 367-371.

Athanasopoulos P E, Pappas C, Kyriakidis N V, et al. 2005. Degradation of methamidophos on soultanina grapes on the vines and during refrigerated storage [J]. Food Chemistry, 91 (2): 235-240.

Athanasopoulos P E, Pappas C. 2000. Effects of fruit acidity and storage conditions on the rate of degradation of azinphos methyl on apples and lemons [J]. Food Chemistry, 69 (1): 69-72.

Aufauvre J, Biron D G, Vidau C, et al. 2012. Parasite – insecticide interactions: a case study of Nosema ceranae and fipronil synergy on honeybee [J]. Sci. Rep., 2, 326.

Baas J, Jager T, Kooijman B. 2010. A review of DEB theory in assessing toxic effects of mixtures [J]. Sci. Total. Environ., 408, 3 740-3 745.

Balinova A M, Mladenova R I, Shtereva D D. 2006. Effects of processing on pesticide residues in peaches intended for baby food [J]. Food Additives and Contaminants, a, 23 (9): 895-901.

Balinova A, Mladenova R, Obretenchev D. 2006. Effect of grain storage and processing on chlorpyrifos-methyl and pirimiphos-methyl residues in post-harvest-treated wheat with regard to baby food safety requirements [J]. Food Additives and Contaminants, b, 23 (4): 391-397.

Banerjee K, Patil S B, Patil S H, et al. 2008. Single laboratory validation and uncertainty analysis of 82 pesticides in pomegranate, apple and orange by ethyl acetate extraction and liquid chromatography–tandem mass spectrometric determination [J]. Journal of AOAC International, 91 (6): 1 435-1 445.

Beyer A, Biziuk M. 2008. Methods for determining pesticides and polychlorinated biphenyls in food samples-problems and challenges [J]. Critical Reviews in Food Science and Nutrition, 48: 888-904.

BfR. BfR compilation of processing factors for pesticide residues (version 2.0) [EB/OL]. http: //www. bfr. bund. de/en/pesticides-579. html. [2009-07-01]

Bliss C I. 1939. The toxicity of poisons applied jointly. Ann. J. Appl. Biol., 26, 585-615.

Bolan N S, Baskaran S. 1996. Biodegradation of 2, 4-D herbicide as affected by its adsorption – desorption behaviour and microbial activity of soils, Austral. J. Soil Res., 34, 1 041-1 053.

Bonnechere A, Hanot V, Jolie R, et al. 2012. Effect of household and industrial processing on levels of five pesticide residues and two degradation products in spinach [J]. Food Control, 25 (1): 397-406.

Boobis A, Budinsky R, Collie S, et al. 2011. Critical analysis of literature on low – dose synergy for use in screening chemical mixtures for risk assessment. Cr. Rev. Toxicol., 41 (5), 369-383.

Boulaid M, Aguilera A, Camacho F, et al. 2005. Effect of household processing and unit-to-unit variability of pyrifenox, pyridaben, and tralomethrin residues in tomatoes [J]. Journal of Agricultural and Food Chemistry, 53 (10): 4 054-4 058.

Braconi D, Possenti S, Laschi M, et al. 2008. Oxidative Damage Mediated by Herbicides on Yeast Cells [J]. J Agric Food Chem, 56 (10): 3 836–3 845.

Bro–Rasmussen F. 1996. Contamination by persistent chemicals in food chain and human health [J]. Science of the Total Environment, 188: 45–60.

Bryden J, Gill R J, Mitton R A A, et al. 2013. Chronic sublethal stress causes bee colony failure. Ecol. Lett. , 16, 1 463–1 469.

Buerge I J, Bachli A, De Joffrey J P, et al. 2013. The chiral herbicide beflubutamid (I): Isolation of pure enantiomers by HPLC, herbicidal activity of enantiomers, and analysis by enantioselective GC – MS [J]. Environmental Science & Technology, 47 (13): 6 806–6 811.

Burchat C S, Ripley B D, Leishman P D, et al. 1998. The distribution of nine pesticides between the juice and pulp of carrots and tomatoes after home processing [J]. Food Additivements and Contaminants, 15 (1): 61–71.

Cabras P, Angioni A, Garau V L, et al. 1997. Residues of some pesticides in fresh and dried apricots [J]. Journal of Agricultural and Food Chemistry, 45 (8): 3 221–3 222.

Cengiz M F, Certel M, Gocmen H. 2006. Residue contents of DDVP (Dichlorvos) and diazinon applied on cucumbers grown in greenhouses and their reduction by duration of a pre–harvest interval and post–harvest culinary applications [J]. Food Chemistry, 98 (1): 127–135.

Cengiz M F, Certel M, Karakas B, et al. 2007. Residue contents of captan and procymidone applied on tomatoes grown in greenhouses and their reduction by duration of a pre–harvest interval and post–harvest culinary applications [J]. Food Chemistry, 100 (4): 1 611–1 619.

Chauhan R, Monga S, Kumari B. 2012. Effect of Processing on Reduction of λ–Cyhalothrin Residues in Tomato Fruits [J]. Bull Environ Contam Toxicol, 88: 352–357.

Chen F, Zeng L Q, Zhang Y Y, et al. 2009. Degradation behaviour of methamidophos and chlorpyrifos in apple juice treated with pulsed electric fields [J]. Food Chemistry, 112 (4): 956–961.

Chen G, Cao P, Liu R, et al. 2010. A multi–residue method for fast determination of pesticides in tea by ultra performance liquid chromatography–electrospray tandem mass spectrometry combined with modified QuEChERS sample preparation procedure [J]. Food Chemistry, 125 (4): 1 406–1 411.

Chen L, ShangGuan L M, Wu Y N, et al. 2012. Study on the residue and degradation of fluorine–containing pesticides in Oolong tea by using gas chromatography–mass spectrometry [J]. Food Control, 25 (2): 433–440.

Chen N, Gao H, Ye N, et al. 2012. Fast Determination of 22 Pesticides in Rice Wine by

Dispersive Solid-Phase Extraction in Combination with GC-MS [J]. American Journal of Analytical Chemistry, 3 (1): 33-39.

Dao T H, Lavy T L. 1978. Atrazine adsorption of soil as influenced by temperature, moisture content and electrolyte concentration, Weed Sci. 26, 303-308.

Di Prisco G, Cavaliere V, Annoscia D, et al. 2013. Neonicotinoid clothianidin adversely affects insect immunity and promotes replication of a viral pathogen in honey bees. PNAS, 110: 18 466-18 471.

Eberhardt M V, Changyong L, Liu R H, et al. 2000. Antioxidant activity of fresh apples. [J]. Nature, 405 (6789): 903-904.

EC, 2016a. European Commission, 2016. Overview of FOCUS DG SANTE. http: // esdac. jrc. ec. europa. eu/projects/focus-dg-sante (accessed at 12/7/2016).

ECHA. 2016. European Chemical Agency. Search for Chemical. http: //echa. europa. eu/it/ search-chemicals (accessed at 12/7/2016).

EC. 2000. Guidance Document on Terrestrial Ecotoxicology in the context of the Directive 91/ 414/EEC (SANCO/10329/2002, rev. 2 final, 17. 10. 2002, 1-39.

EC. 2006. Regulation No 1907/2006 of the European Parliament and of the Council concern- ing the Registration, Evaluation, Authorisation and Restriction of Chemicals (REACH), establishing a European Chemicals Agency, amending Directive 1999/45/ EC and repealing Council Regulation (EEC) No 793/93 and Commission Regulation (EC) No 1488/94 as well as Council Directive 76/769/EEC and Commission Directives 91/155/EEC, 93/67/ EEC, 93/105/EC and 2000/21/EC. Official Journal of the Euro- pean Union L 396, 1-514.

EC. 2009. Regulation (EU) No 1107/2009 of 21 October 2009 concerning the placing of plant protection products on the market and repealing Council Directives 79/117/ EEC and 91/414/EEC L 309, 1-50.

EC. 2010. Directive 2010/63/EU of the European Parliament and of the Council of 22 Sep- tember 2010 on the protection of animals used for scientific purposes L 276/33, 1-47.

EC. 2012. Communication from the commission to the council – the combination effects of chemicals. Chemical mixtures, COM (2012), 10.

EC. 2016b. European Commission, 2016. Pesticides database. http: //ec. europa. eu/food/ plant/pesticides/eu-pesticides – database/public/? event = homepage&language = EN (accessed at 12/7/2016).

EFSA (European Food Safety Authority) . 2015b. Conclusion on the peer review of the pes- ticide risk assessment of the active substance benzovindiflflupyr. EFSA Journal, 13 (3): 4 043.

EFSA Panel on Plant Protection Products and their Residues (PPR) . 2014a. Scientific Opinion on the identification of pesticides to be included in cumulative assessment groups on the basis of their toxicological profile (2014 update). EFSA Journal, 11 (7): 3 293.

EFSA, Panel on Plant Protection Products and their Residues (PPR). 2010. Scientific Opinion on the development of specific protection goal options for environmental risk assessment of pesticides, in particular in relation to the revision of the Guidance Documents on Aquatic and Terrestrial Ecotoxicology (SANCO/3268/2001 and SANCO/10329/2002). EFSA Journal, 8 (10): 1821. 55.

EFSA. 2009a. Guidance document on risk assessment for birds and mammals on request of EFSA. EFSA J. 7, 358.

EFSA. 2014b. Harmonization of human and ecological risk assessment of combined exposure to multiple chemicals. EFSA 21st Scientific Colloquium Summary Report, 76.

EFSA. Panel on Plant Protection Products and their Residues (PPR). 2012. Scientific Opinion on the science behind the development of a risk assessment of Plant Protection Products on bees (Apis mellifera, Bombus spp. and solitary bees). EFSA Journal, 10 (5) 2668, 275.

EFSA. Panel on Plant Protection Products and their Residues (PPR). 2013. Guidance on tiered risk assessment for plant protection products for aquatic organisms in edge off field surface waters. EFSA Journal, 11 (7): 3290, 268.

EFSA. Panel on Plant Protection Products and their Residues (PPR). 2014c. Scientific Opinion addressing the state of the science on risk assessment of plant protection products for non-target terrestrial plants. EFSA Journal, 12 (7): 3800, 163.

Elkins E R, Farrow R P, Kim E S. 1972. Effect of heat processing and storage on pesticide residues in spinach and apricots [J]. Journal of Agricultural and Food Chemistry, 20 (2): 286-291.

Fagerquist C F, Lightfield A R, Lehotay S J. 2005. Confirmatory and quantitative analysis of b-lactam antibiotics in bovine kidney tissue by dispersive solid-phase extraction and liquid chromatography-tandem mass spectrometry [J]. Analytical Chemistry, 77: 1 473-1 482.

Faller J, Hühnerfuss H, König W A, et al. 1991. Gas chromatographic separation of the enantiomers of marine organic pollutants distribution of α-HCH enantiomers in the North Sea [J]. Marine Pollution Bulletin, 22 (2): 82-86.

Fenoll J, Ruiz E, Hellin P, et al. 2009. Dissipation rates of insecticides and fungicides in peppers grown in greenhouse and under cold storage conditions [J]. Food Chemistry, 113 (2): 727-732.

Fernandez M J, Oliva J, Barba A, et al. 2005. Effects of clarification and filtration processes on the removal of fungicide residues in red wines (Var. Monastrell) [J]. Journal of Agricultural and Food Chemistry, 53 (15): 6 156–6 161.

Fernandez–Cruz M L, Barreda M, Villarroya M, et al. 2006. Captan and fenitrothion dissipation in field–treated cauliflowers and effect of household processing [J]. Pest Management Science, 62 (7): 637–645.

Fernandez–Cruz M L, Villarroya M, Llanos S, et al. 2004. Field–incurred fenitrothion residues in kakis: Comparison of individual fruits, composite samples, and peeled and cooked fruits [J]. Journal of Agricultural and Food Chemistry, 52 (4): 860–863.

Fleurat–Lessard F, Chaurand M, Marchegay G, et al. 2007. Effects of processing on the distribution of pirimiphos – methyl residues in milling fractions of durum wheat [J]. Journal of Stored Products Research, 43 (4): 384–395.

Foght J, April T, Biggar K, et al. 2001. Bioremediation of DDT–contaminated soils: A review, Bioremediation J. , 5, 225–246.

FRAC. 2016. FRAC Code List 2016: Fungicides sorted by mode of action, Fungicide Resistance. Action. Commettee. http: //www. frac. info/resistance–overview/mechanismsof–fungicide–resistance accessed at 10/6/2016.

Furst M A, McMahon D P, Osborne J L, et al. 2014. Disease associations between honeybees and bumblebees as a threat to wild pollinators. Nature, 506, 364–366.

Gabaldón J A, Maquieira A, Puchades R. 2007. Development of a simple extraction procedure for chlorpyrifos determination in food samples by immunoassay [J]. Talanta, 71: 1 001–1 010.

Garrison A W, Schmitt P, Martens D, et al. 1996. Enantiomeric Selectivity in the Environmental Degradation of Dichlorprop As Determined by High–Performance Capillary Electrophoresis [J]. Environmental Science & Technology, 30 (8): 2 449–2 455.

Garrison A W. 2006. Probing the enantioselectivity of chiral pesticides. [J]. Environmental Science & Technology, 40 (1): 16–23.

Gonzalez–Rodriguez R M, Cancho–Grande B, Torrado–Agrasar A, et al. 2009. Evolution of tebuconazole residues through the winemaking process of Mencia grapes [J]. Food Chemistry, 117 (3): 529–537.

Goulson D, Nicholls E, Botías C, et al. 2015. Bee declines driven by combined stress from parasites, pesticides, and lack of flowers. Science, 347, 1255957.

Han Y, Xu J, Dong F, et al. 2013. The fate of spirotetramat and its metabolite spirotetramat–enol in apple samples during apple cider processing [J]. Food Control, 34 (2): 283–290.

Holland P, Hamilton D, Ohlin B, et al. 1994. Effects of storage and processing on pesticide residues in plant products [J]. Pure Appl Chem, 66 (2): 335–356.

HRAC. 2016. Classifification of the herbicides site of action. http: //www. hracglobal. com/

pages/classifificationofherbicidesiteofaction. aspx accessed at 10/6/2016.

Huang P M, Grover R, McKercher R B. 1984. Components and particle size fractions involved in atrazine adsorption by soils, Soil Sci. 138, 20–24.

Inoue T, Nagatomi Y, Suga K, et al. 2011. Fate of Pesticides during Beer Brewing [J]. Journal of Agricultural and Food Chemistry, 59 (8): 3 857–3 868.

Jager T, Albert C, Preuss T G, et al. 2011. General unified threshold model of survival–a toxicokinetic – toxicodynamic framework for ecotoxicology. Environ. Sci. Technol. , 45 (7): 2 529–2 540.

Jakubowska N, Polkowska Namiesnik J, Przyjazny A. 2005. Analytical applications of membrane extraction for biomedical and environmental liquid sample preparation [J]. Critical Reviews in Analytical Chemistry, 35 (3): 217–235.

Kaushik G, Satya S, Naik S N. 2009. Food processing a tool to pesticide residue dissipation–A review [J]. Food Research International, 42 (1): 26–40.

Keegan J, Whelan M, Danaher M, et al. 2009. Benzimidazole carbamate residues in milk: Detection by Surface Plasmon Resonance – biosensor, using a modified QuEChERS (Quick, Easy, Cheap, Effective, Rugged and Safe) method for extraction [J]. Analytica Chimica Acta, 654 (2): 111–119.

Kelvin Lord. 1904. Baltimore Lectures on Molecular Dynamics and the Wave Theory of Light [M]. CJ. Clay and Sons.

KEMI, 2016. Swedish chemical agency. Guidance document on work – sharing in the Northern zone in the authorization of plant protection products, available at kemi. se.

Kleineidam S, Rugner H, Grathwohl P. 2004. Desorption kinetics of phenanthrene in aquifer material lacks hysteresis, Environ. Sci. Technol. , 38, 4 169–4 175.

Krogh K A, Halling–Sorensen B, Mogensen B B, et al. 2003. Environmental properties and effects of nonionic surfactant adjuvants in pesticides: a review. Chemosphere 50, 871–901.

Lee J M, Park J W, Jang G C, et al. 2008. Comparative study of pesticide multi–residue extraction in tobacco for gas chromatography–triple quadrupole mass spectrometry [J]. Journal of Chromatography A, 1187 (1–2): 25–33.

Lentza–Rizos C, Avramides E J, Kokkinaki K. 2006. Residues of azoxystrobin from grapes to raisins [J]. Journal of Agricultural and Food Chemistry, 54 (1): 138–141.

Li M, Liu X, Dong F, et al. 2013. Simultaneous determination of cyflumetofen and its main metabolite residues in samples of plant and animal origin using multi–walled carbon nanotubes in dispersive solid–phase extraction and ultrahigh performance liquid chromatography–tandem mass spectrome [J]. Journal of Chromatography A, 1300 (2): 95–103.

Liapis K S, Aplada-Sarlisa P, Kyriakid N V. 2003. Rapid multi-residue method for the determination of azinphos methyl, bromopropylate, chlorpyrifos, dimethoate, parathion methyl and phosalone in apricots and peaches by using negative chemical ionization ion trap technology [J]. Journal of Chromatography A, 996: 181-187.

Liu D, Peng W, Zhu W, et al. 2008. Enantioselective degradation of fipronil in Chinese cabbage (Brassica pekinensis) [J]. Food Chemistry, 110 (2): 399-405.

Liu W P, Wang Q Q, Shao Y, et al. 1996. Behavior of the herbicide dimepiperate with homoionic clays in aqueous solution, J. Environ. Sci. (China), 8, 454-460.

Mao W, Schuler M A, Berenbaum M R. 2011. CYP9Q-mediated detoxifification of acaricides in the honey bee (Apis mellifera) . PNAS, 108, 12 657-12 662.

Martin S J, Highfifield A C, Brettell L, et al. 2012. Global honey bee viral landscape altered by a parasitic mite. Science, 336, 1 304-1 306.

Mill T, Mabey W. 1985. Photochemical transformations in Environmental Exposure from Chemicals (Eds: W. B. Neely, G. E. Blau), CRC Press, Boca Raton.

Moreale A, van Bladel R. 1980. Behavior of 2,4-D in Belgian soils, J. Environ. Qual. , 9, 627-633.

Morrissey C A, Mineau P, Devries J H, et al. 2015. Neonicotinoid contamination of global surface waters and associated risk to aquatic invertebrates: a review. Environ. Int. , 74, 291-303.

Nagayama T. 1997. Decrease in organic solvent extractable ethion by grapefruit pectin during processing [J]. Journal of Agricultural and Food Chemistry, 45 (12): 4 856-4 860.

Navarro S, Vela N, Navarro G. 2011. Fate of triazole fungicide residues during malting, mashing and boiling stages of beermaking [J]. Food Chemistry, 124 (1): 278-284.

Nieto L M, Hodaifa G, Casanova M S. 2009. Elimination of pesticide residues from virgin olive oil by ultraviolet light: Preliminary results [J]. Journal of Hazardous Materials, 168 (1): 555-559.

Nkedi-Kizza P, Rao P S C, Johnson J W. 1983. Adsorption of diuron and 2, 4, 5-T on soil particle size separates, J. Environ. Qual. , 12, 195-197.

OECD. 2011. Series on Testing and Assessment, No 140, WHO OECD ILSI/HESI International Workshop on risk assessment of combined exposures to multiple chemicals. Workshop Report. ENV/JM/MONO (2011) 10.

OECD. Magnitude of the Pesticide Residues in Processed Commodities [R]. Paris, French: OECD Guideline for the Testing of Chemicals, Test No. 508, 2008.

Omirou M, Viyzas Z, Papadopoulou-Mourkidou E, et al. 2009. Dissipation rates of iprodione and thiacloprid during tomato production in greenhouse [J]. Food Chemistry, 116 (2): 499-504.

Ou L T, Gancaiz D H, Wheeler W B, et al. 1982. Influence of soil temperature and soil moisture on degradation and metabolism of carbofuran in soils, J. Environ. Qual. , 11, 293-298.

Pan X, Dong F, Liu N, et al. 2018. The fate and enantioselective behavior of zoxamide during wine-making process [J]. Food Chemistry, 248: 14-20.

Pareja L, Fernandez-Alba A R, Cesio V, et al. 2011. Analytical methods for pesticide residues in rice [J]. Trac-Trends in Analytical Chemistry, 30 (2): 270-291.

Parker L W, Doxtader K G. 1983. Kinetics of the microbial degradation of 2, 4-D in soil: effects of temperature and moisture, J. Environ. Qual. , 12, 553-558.

Qiu J, Wang Q X, Wang P, et al. 2005. Enantioselective degradation kinetics of metalaxyl in rabbits [J]. Pesticide Biochemistry & Physiology, 83 (1): 1-8.

Rasmusssen R R, Poulsen M E, Hansen H C B. 2003. Distribution of multiple pesticide residues in apple segments after home processing [J]. Food Additives and Contaminants Part a-Chemistry Analysis Control Exposure & Risk Assessment, 20 (11): 1 044-1 063.

Renwick A G. 2002. Pesticide residue analysis and its relationship to hazard characterisation (ADI/ARfD) and intake estimations (NEDI/NESTI) [J]. Pest Management Science, 58 (10): 1 073-1 082.

Ruediger G A, Pardon K H, Sas A N, et al. 2005. Fate of pesticides during the winemaking process in relation to malolactic fermentation [J]. Journal of Agricultural and Food Chemistry, 53 (8): 3 023-3 026.

Rundlof M, Andersson G K S, Bommarco R, et al. 2015. Seed coating with a neonicotinoid insecticide negatively affects wild bees. Nature 521, 77-80.

Sanusi A, Guillet V, Montury M. 2004. Advanced method using microwaves and solid-phase microextraction coupled with gas chromatography-mass spectrometry for the determination of pyrethroid residues in strawberries [J]. Journal of Chromatography A, 1046: 35-40.

Schreiner V C, Szöcs E, Bhowmik A K, et al. 2016. Pesticide mixtures in streams of several European countries and the USA. Sci. Total Environ. , 573, 680-689.

Scientifific Committee on Health and Environmental Risks (SCHER), Scientific Committee on Emerging and Newly Identified Health Risks (SCENIHR) and Scientific Committee on Consumer Safety (SCCS), 2012, Opinion on the Toxicity and Assessment of Chemical Mixtures, 50.

Shoeibi S, Amirahmadi M, Yazdanpanah H, et al. 2011. Effect of Cooking Process on the Residues of Three Carbamate Pesticides in Rice [J]. Iranian Journal of Pharmaceutical Research, 10 (1): 119-126.

Sprague J B. 1971. Measurement of pollutant toxicity to fish - III: sublethal effects and "safe" concentrations. Water Res. 5, 245-266.

Sun M, Liu D, Dang Z, et al. 2012. Enantioselective behavior of malathion enantiomers in toxicity to beneficial organisms and their dissipation in vegetables and crops. [J]. Journal of Hazardous Materials, 237-238 (6): 140-146.

USEPA. 2006a. Considerations for Developing Alternative Health Risk Assessment Approaches for Addressing Multiples Chemicals, Exposures and Effects, EPA/600/R-06/ 013A. Office of Research and Development. U. S. Environmental Protection Agency, Washington, DC.

USEPA. 2006b. Approaches for the Application of Physiologically Based Pharmacokinetic (PBPK) Models and Supporting Data in Risk Assessment, EPA/600/R-05/043F, Office of Research and Development. U. S. Environmental Protection Agency, Washington, DC.

USEPA. 2016. Pesticide Cumulative Risk Assessment: Framework for Screening Analysis Purpose, EPA-HQ-OPP-2015-0422, Office of Chemical Safety and Pollution Prevention. U. S. Environmental Protection Agency, Washington, DC.

Uygun U, Koksel H, Atli A. 2005. Residue levels of malathion and its metabolites and fenitrothion in post-harvest treated wheat during storage, milling and baking [J]. Food Chemistry, 92 (4): 643-647.

Uygun U, Ozkara R, Ozbey A, et al. 2007. Residue levels of malathion and fenitrothion and their metabolites in postharvest treated barley during storage and malting [J]. Food Chemistry, 100 (3): 1 165-1 169.

Uygun U, Senoz B, Koksel H. 2008. Dissipation of organophosphorus pesticides in wheat during pasta processing [J]. Food Chemistry, 109 (2): 355-360.

Uygun U, Senoz B, Oztuk S, et al. 2009. Degradation of organophosphorus pesticides in wheat during cookie processing [J]. Food Chemistry, 117 (2): 261-264.

Vidali M. 2001. Bioremediation. An overview, Pure Appl. Chem. , 73, 1 163-1 172.

Wauchope R D, Myers R S. 1985. Adsorption-desorption kinetics of atrazine and linuron in freshwater-sediment aqueous slurries, J. Environ. Qual. , 14, 132-136.

Xu X, Diao J, Wang X, et al. 2012. Enantioselective metabolism and cytotoxicity of the chiral herbicide ethofumesate in rat and chicken hepatocytes [J]. Pesticide Biochemistry & Physiology, 103 (1): 62-67.

Yoshida T, Ikemi N, Takeuchi Y, et al. 2012. A repeated dose 90-day oral toxicity study of cyflumetofen, a novel acaricide, in rats. [J]. Journal of Toxicological Sciences, 37 (1): 91.

Zhang Y Y, Xiao Z Y, Chen F, et al. 2010. Degradation behavior and products of malathion and chlorpyrifos spiked in apple juice by ultrasonic treatment [J]. Ultrasonics

Sonochemistry, 17 (1): 72-77.

Zohair A. 2001. Behaviour of some organophosphorus and organochlorine pesticides in potatoes during soaking in different solutions [J]. Food and Chemical Toxicology, 39 (7): 751-755.

Zrostlíková J, Hajšlová J, Čajka T. 2003. Evaluation of two-dimensional gas chromatography-time-of-flight mass spectrometry for the determination of multiple pesticide residues in fruit [J]. Journal of Chromatography A, 1019: 173-186.